大自然的写作i

丛书主编 冯道如

嗅玫瑰花的天牛

（法）法布尔 著

张菊红 马维维 译

江苏凤凰文艺出版社
JIANGSU PHOENIX LITERATURE AND
ART PUBLISHING, LTD

图书在版编目（CIP）数据

嗅玫瑰花的天牛 /（法）法布尔著；张菊红，马维
维译. — 南京：江苏凤凰文艺出版社，2017.1（2023.5 重印）
ISBN 978-7-5399-9395-9

Ⅰ. ①嗅… Ⅱ. ①法… ②张… ③马… Ⅲ. ①昆虫学
—普及读物 Ⅳ. ①Q96-49

中国版本图书馆 CIP 数据核字(2016)第 271585 号

书　　　名	嗅玫瑰花的天牛
著　　　者	（法）法布尔
译　　　者	张菊红　马维维
责 任 编 辑	黄孝阳　牟盛洁
出 版 发 行	凤凰出版传媒股份有限公司
	江苏凤凰文艺出版社
出版社地址	南京市中央路 165 号，邮编：210009
出版社网址	http://www.jswenyi.com
经　　　销	凤凰出版传媒股份有限公司
印　　　刷	三河市紫恒印装有限公司
开　　　本	880×1230 毫米　1/32
印　　　张	7.375
字　　　数	133 千字
版　　　次	2017 年 1 月第 1 版　2023 年 5 月第 3 次印刷
标 准 书 号	ISBN 978-7-5399-9395-9
定　　　价	35.00 元

（江苏凤凰文艺版图书凡印刷、装订错误可随时向承印厂调换）

目　录
Contents

荒石园

　　这就是我所希望得到的东西：它是一小块地。嗯，虽不是太大，但却是用栅栏围起来，这可以避免毫无遮拦的公路带来的闹心事儿；它也是被人们遗弃的，贫瘠且被太阳炙烤的一小块地。但这里却是蓟（一种菊科植物）和黄蜂、蜜蜂的生存乐园。在这儿，不用担心路人带来的惊扰，我可以与砂泥蜂和打猎黄蜂交谈。在这种艰难的交谈中，我尝试着用它们的语言发现问题和寻找答案；在这儿，不用花费时间去远行，也没有疲惫的漫步让我神情紧张，我可以设计我的进攻计划，安置我的陷阱，并在每天时刻关注它们的结果。是的，这就是我的愿望，我的梦想，它总是萦绕在我的心怀，却又总是消失于未来的迷雾之中。

　　要知道，当每天被令人烦忧的生计问题所困扰时，在荒郊野外建立一个实验室确实不是件容易的事。这四十年来，我一直怀着坚定的信念，和穷困潦倒的生活做着抗争。最终，我日思夜想的拥有一个野外实验室的夙愿得以实现。尽管我为此付出了不屈不挠、日以继夜的工作代价，但现在我不想再去说它什么了。伴随着它的到来，我可能需要有一些空闲，这才是更重要的一点。我说的是可能，因为我的腿上仍然像是套着囚犯的锁链让我举步维艰。

这个愿望实现了，只是来得有点儿迟，我可爱的昆虫们！我很担心当这里的桃子成熟的时候，我会因为掉光了牙齿而没有办法享用。是的，这个愿望实现得迟了点儿：原先宽阔的地平线已经收缩成低垂而压抑的苍穹，并且日甚一日。能够保留我值得的东西，对于过去的事情我没有什么可后悔的；我甚至对于曾经流逝的青春也不感到惋惜。我也没有什么可希望的了，我已经到了这般境地，种种往事和经历已让我筋疲力尽。我们需要扪心自问：这样的生活是否还有延续下去的价值？

在一片废墟包围中间，有一条颓圮的围墙，纹丝不动地矗立在它坚固的墙基上：这就是我对于科学真理追求的热情！哦，我忙碌的昆虫们，这是否能成为足够的理由，让我在你们的故事里适当地添加几页文字呢？我会不会心有余而力不足呢？的确，为什么我要把你们放弃那么长时间呢？

朋友们为此责备了我。呃，告诉他们吧，告诉那些既是你的也是我的朋友们，我并非健忘，也无厌倦，更未疏忽：我想念你们！我深信，大黄蜂的蜂巢会给我们展示更多美丽的秘密，而打猎黄蜂在追捕中也隐藏着很多神奇之处。但是我没有时间，我和不幸的命运做着搏斗，孤独一人，遭人遗弃。在理性思考之前，一个人首先要能活下去。告诉他们这些，他们将会原谅我。

还有些人指责我的写作风格，认为不够一本正经，也就是缺乏学究般枯燥的语言。他们总是担心一页浅白的、阅读起来毫不费力的文字，不足以表达事实的真相。照他们的说法，只有艰深晦涩的文字才能表达渊博的思想。你们这些长着螫刺和盔甲上长着鞘翅的昆虫们，统统到我这里来，为我作有力的辩护吧！告诉他们，我们之间是多么的亲密无间。我是多么的爱你们，多么有耐心地观察你们，多么仔细地记录你们的活动。你们的证词会毫无异议地显示：是的，虽然我的书还有粗糙的地方，但是没有空洞无物的公式和一知半解的废话，有的是在事实观察基础上所做的准确的叙述——恰到好处。无论是谁还存在质疑，他们将得到同样的答复。

那么现在，我亲爱的昆虫们，如果你们不能说服这些好人们，是因为你们单调的辩词还没有足够的分量。那么，就让我来对他们说：

"你们把动物切割了做实验，而我却研究活着的它们；你们把动物变成恐怖而可怜的尸体，而我却使得人们喜爱它们；你们在酷刑房和解剖室里工作，而我却在蔚蓝的天空下展开我的观察，伴随着蝉儿的鸣叫；你们用化学实验研究蜂巢的原生质，而我却探索它们本能的最高表现；你们探求死亡，而我却探究生命。可是为什么我无法贯彻我的想法呢？因为野猪搅浑了清澈的溪流。博物学原本是年轻人极好的专业，可它却像细胞分裂一样越分越细，导致它变成了一门令人生厌和排斥的学问。如果说我的写作是为了学者和哲学家们——他们有朝一日或将解开一些关于本能的艰深难题——那么我所写的一切也是为了年轻人。我渴望让他们对博物学由痛恨转为热爱。这就是为什么我在昆虫学领域里保持严谨的叙述，而又避免使用你们的科学术语的原因。你们经常用的科学术语，唉，就像从易洛魁人（北美印第安人）的土语中借用来的一样！"

不过这不是我当下要做的事情。我想谈的是我长期魂牵梦绕的那一小块地，我计划在上面建立一个活昆虫实验室。我最终在一个荒僻的小村子里得到了它，这块地的名字叫作"荒石园"。在当地人们的语言中，它指的是无法开垦、乱石密布，只能生长百里香（一种植物）的被废弃的荒地。在这块贫瘠的土地上，即使付出犁田的功夫也收效甚微。而当春雨偶然降临滋润，一些小草开始发芽的时候，绵羊也会经过这里。

不管怎样吧，在我的荒石园中，由于很多石块中夹杂有一些红土，让我开始了首次粗糙的耕种尝试。我被告知这里曾经生长过葡萄藤。的确，事实上当我们计划种植一些树木而挖掘这块地时，在各处都发现了一些宝贵的根茎。由于埋藏地下时间太长，已经部分地炭化了。我用唯一能够刨进土地的耕种农具三齿叉耙这块地。可是很抱歉，原先的植物都已经消失了。不再有百里香，不再有薰衣草，不再有丛生的胭脂虫橡树，这种矮小的橡树是可以形成小树林的，不过只要我们稍微一抬脚就能够跨过去。对于这些植物，尤其是前两种，可以为蜜蜂和黄蜂提供酷爱的饲料，或许对我有用。这迫使我在用三齿叉刨开的土地上栽种它们。

在我初次翻动的土壤里，有大量的植物在不需要我打理的情况下滋生蔓延，首当其冲的就是茅草。这是一种可恶的杂草，三年激烈的战火竟然没有成功地将其斩草除根。在数量上居第二位的是矢车菊，它们全都摆出一副冷酷的表情，浑身长着刺或星形的戟。它们的种类有黄花矢车菊、山地矢车菊、星苞矢车菊和粗叶矢车菊，而黄花矢车菊占主导地位。在到处都是盘根错节的矢车菊中间站立着的，是模样凶恶的西班牙婆罗门参，它们那宛若吊灯般摊开的橘红色花朵闪耀着光芒，而身上却长着如钉子般坚硬的刺。生长得比它高的是伊利亚里棉蓟，它们高耸直挺的单个茎有 1—2 米长，在茎的末梢长着硕大的粉红色花簇，它们的盔甲不比婆罗门参差。我们也不要忘了数量较少的蓟科植物：首先要认识的是多刺蓟或恶蓟，它们全副武装的刺会让植物采集者不知从何下手；其次是矛刺蓟，它们长有丰富的叶片，而在每个叶片的末端都带有一个刺头；最后是黑蓟，它把自己收缩集聚生长成一个带穗的疙瘩头。在这些蓟之间，悬钩子属植物的蓝色嫩枝，像长绳似的在地上蔓延。想要在长满刺的灌木丛中观察黄蜂如何觅食，你必须穿上长筒靴，或者心甘情愿地忍受小腿被刺的痛楚。只要土地里还残留有一些春雨的水分，这些粗野的植物就会展现出生命的魔力，锥子般的婆罗门参和伊利亚里棉蓟的枝丫，就会从黄花矢车菊连片的地毯似的花海中冒出头来。但干燥的夏季到来后，这里又是一片荒芜，擦一根火柴都能将这里从头烧到尾。这就是我决定从今往后独自和昆虫们一起生活的极乐的伊甸园。它不过如此，而我却用四十年不顾一切的斗争才得到它。

说这块地是"伊甸园"很合我自己的胃口，我觉得在表述方面并无不妥之处。这块糟糕的没有一个人愿意在上面撒一点儿萝卜种子的土地，对于蜜蜂和黄蜂来说，却是一个人间天堂。地里蓬勃生长的蓟和矢车菊会替我将周围所有的蜜蜂和黄蜂吸引过来。在我捕捉昆虫的记忆中，从来没有在一个地方能看到如此之多的昆虫。这里成为了所有昆虫的召集点。这儿有通过各种方式捕食的狩猎者，有泥屋建造者，有棉制品编制者，有一片树叶或一朵花瓣的碎片收集者，有粘贴板建造者，有搅拌灰泥的泥水匠，有给木板钻孔的木匠，有挖掘地道的矿工，有处理肠膜的工人，简直是不胜枚举。

这是一只什么呢？这是一只黄斑蜂。它刮擦拨弄着黄花矢车菊蛛网般的茎，将其堆集成一个球状物，并得意扬扬地用它的上颚把球状物衔到地下，再做成棉毡包用来储藏蜂蜜和卵。其他这些激烈争夺战利品的家伙又是什么呢？它们是切叶蜂。它们的腹部带有黑色、白色或者血红色的切割刷。它们将离开蓟去探访隔壁的灌木，并在那儿将灌木的叶片切割成椭圆形，用以制作一个合适的容器来存放收获的物品。这些穿着黑丝绒衣服的小家伙是什么呢？它们是石蜂。它们利用泥浆和沙砾进行劳作。在荒石园，我们可以轻易地发现它们在石头上建造的物体。这些猛然间一飞冲天并伴随着嗡嗡叫声的又是什么呢？它们是沙泥蜂，居住在陈旧的墙壁里和附近的向阳堤上。

现在到来的是壁蜂：其中的一只将蜂巢建在空蜗牛壳的螺旋壁上；另外一只正将一段干荆棘的髓汁吸掉，用它的前钩掏出一个圆柱形的住房，并用分隔墙将房间分成一层一层的；第三只使用一截断掉的芦苇的天然通道；第四只是某只高墙石蜂空闲走廊的免费租客。这里是大头蜂和长须蜂，它们的雄性长着骄傲的头角。毛斑蜂的后腿上带有很宽的刷子，这是它的采蜜工具。土蜂有很多不同的种类。隧蜂的肚子是纤细的。在此，我就不再一一介绍了。如果我想记录蓟科植物的客人们，将几乎可以容纳所有采蜜类的昆虫。我曾向波尔多（法国南部港市）的一位名叫佩雷的教授提供过新发现的昆虫珍品。他问我是通过何种特殊的方式，捕获如此之多罕见的甚至是新的品种。而我并不是老练而热情满满的捕猎者，我对于昆虫本身的兴趣远远超过用大头针将它们钉在橱柜里。全部的捕获昆虫的秘密，不过是在我那长着稠密蓟和矢车菊的园地里完成的。

非常巧合的是，和这个数量众多的采蜜者大家庭生活在一起的，是捕猎它们的生物族群。在荒石园，"泥屋建造者"为了修筑围墙，在各处分散地堆积了大量沙子和石头，但它们的工程进展缓慢。在头年运来的材料里，石蜂选择在石头之间的缝隙作为过夜的客栈，它们密集地挤在一起。强壮的单眼蜥蜴就近捕猎，它会张着宽宽的嘴攻击人和狗。它选择一个洞穴隐藏其中，等待圣甲虫经过时实施偷袭。黑耳鸥打扮得像个黑衣兄弟会（天主教四大托钵修士会之一）修士，穿着白色的僧袍，扇动黑色的羽翼。它站在最高的石头上，唱着简短的乡野小调。它的巢穴应该在某处的沙石堆里，那里有它天蓝色的卵。这个小黑衣兄弟会修士已从沙石堆中飞走了。我感到很惋惜，因为它是一位很有魅力的邻居，但我一点儿也不喜欢单眼蜥蜴。

沙子提供给另一种不同的昆虫进行生活。在这儿，泥蜂正在打扫它们洞穴的入口处，把尘土以抛物线的方式向后抛去。朗格多克掘土蜂用触须拖动着螽（蝗类的一种）。大唇泥蜂正忙着储存作为食物的叶蝉。使我感到可惜的是，泥瓦匠最终驱逐了那里的捕猎者。但是我若想让它们回来，只需要重新堆起沙堆，它们便能很快地全部回归。

有一些捕猎者没有消失，因为它们的住所在不一样的地方，比如砂泥蜂。我看见它们有的在春天，有的在秋天，沿着花园小径的草地振翅飞翔，寻找毛毛虫。而蛛蜂拍打着翅膀巡视各个角落，留意地搜寻蜘蛛的踪影。个头最大的蛛蜂总是觊觎着狼蛛，它们的窝在荒石园并不罕见。狼蛛的窝像个垂直的井，用牛毛草的丝编结固定。在窝底，强有力的狼蛛闪烁着它如同小钻石般的眼睛，大多数人看了都会感到毛骨悚然。可见蛛蜂要捕食狼蛛是件多么危险的事！在这边，一个炎热的夏季午后，雌蚁排列着长长的队伍离开它们的兵营，长途跋涉地去捕捉它们的奴隶。我们需要抽空去看看它们是怎么捕猎的。在另一边，于一对腐草变成泥肥的地方，半寸长的土蜂优雅地飞舞着，突然就俯冲而下，为的是掠食金龟子、蚌犀金龟子和花金龟子产在腐草里丰富的卵。

这儿有太多的研究课题了！而且还在纷至沓来。这里的房子和土地一样被彻底地遗弃了。人们离开之后这里保持了安宁，于是动物便匆匆忙忙地占领了这里的每一处地方。莺在丁香花灌木丛中筑巢；翠莺把柏树当成自己的避难所；麻雀衔着碎布和稻草来到每一片石板之下；金丝雀跃上树梢吟唱，它的窝差不多和半个杏子一样大小；红角鸮习惯在晚上发出尖声尖气的音符；智慧女神雅典娜的信使猫头鹰则匆忙前来凑热闹，发出大声的叫嚣。

房屋的前面是一个很大的池塘，池水来自于为原村民汲水的沟渠里。在交配的季节里，方圆半英里内的青蛙和蟾蜍都会来到这儿。有时候，我们可以看到盘子般大的黄条蟾蜍在那里洗澡，它的背部长有黄色的狭窄条纹。当夜色的暮霭降临时，我们看见作为雌蟾蜍助产士的雄蟾蜍，在池塘的边缘蹦跶着。它的腿上挂着一串胡椒子般大小的卵。这个和蔼的一家之主，将珍贵的卵袋从遥远的地方带过来。它把卵袋放进了水里，旋即退回到一处平滑的石头下面，发出宛若铃铛般叮叮的声音。最后，雨蛙若不是在树丛里哇哇乱叫，就会自我沉溺地做着优美的潜水动作。故而在五月间，每当夜幕来临，池塘就变成了震耳欲聋的乐队演奏会。我们无法在吃饭时谈天，也无法安然入睡。我们似乎有必要采取一点严厉的手段来应付，但我们该如何去做呢？一个欲睡而无法睡着的人需要变得无情一点吧。

胆子大的还有膜翅目昆虫，把我的住处都给占领了。白边掘土蜂在我家门槛处的泥土废弃物里安置它的巢穴。当我走进家门时必须格外的小心，免得踩坏了它的窝，而导致忙于干活的矿工送了命。我已经有四分之一个世纪没有看见过这种活泼的蟋蟀捕食者了。当我刚刚认识它的时候，我曾经走了好几英里的路去探访它。而每一次的远行都要被八月的骄阳所暴晒。但今天，我却在自家门口发现了它，得来全不费工夫，于是我们成了亲密的邻居。关闭的窗户口为长腹蜂提供了温暖的房间。它的窝是泥土做的，粘在石墙之上。这种捕食蜘蛛的昆虫，利用百叶窗上意外形成的一个小洞返回它的家。在活动百叶窗的线脚上，一些流浪的石蜂建造起它们的蜂房群落。半开的外百叶窗内，一只黑胡蜂构造了它的小土制圆顶，圆顶上面有一个钟口状的短颈。黑胡蜂和长角蜂是我的晚餐客人，它们来到我的餐桌上看看葡萄是否已经成熟。

当然，我目前开列出来的昆虫清单远未全面，还有众多的可供选择。如果我能够成功地让它们进行语言的表达，那么我们之间的交谈将会令我孤独的生活充满乐趣。在之前认识的这些生灵中，既有我的老朋友，也有我的新朋友，它们都在这里，贴近在一起——打猎、觅食和筑巢。除此之外，如果我们需要换一个现场作为观察点，那么仅几百步远的地方就是山。山里纠缠着长有野草莓丛、岩玫瑰丛和欧石南树丛。那里有对于泥蜂来说珍贵的沙地，有不同种类的膜翅目昆虫喜欢利用的泥灰质斜坡。我预见了这些财富，所以我放弃了城市生活来到乡村，来到塞西利昂，给我的萝卜锄草，给我的莴苣浇水。

人们花费了很大的代价，在大西洋和地中海沿岸建立实验室，用来解剖对我们意义不大的海洋小动物。人们花费一大笔钱用在高倍显微镜、精致解剖仪器、捕猎机器、船只、捕鱼队、水族馆上面，以便探索一种环节动物的卵黄是如何构造的，我至今也没有弄明白这样做有多么重大的意义。人们藐视地上的小昆虫，而它们却与我们的生活息息相关，并可以给普通心理学提供无价的资料。有些昆虫也经常损坏庄稼，给我们的公共利益造成威胁。我们什么时候应该建立一个昆虫学实验室，用来研究活的昆虫，而不是像现在一样研究浸泡在酒精中的昆虫尸体。这个实验室应有它的研究目标：昆虫的习性、生存方式、工作、争斗和繁衍。这些方面难道不能令我们的农业和哲学更加严肃认真地思考一下吗？彻底地了解损坏我们葡萄藤的昆虫的历史，可能比我们了解某种蔓足亚纲动物尾部的神经末梢更加重要。通过实验来划分智慧和本能的界限，通过比较动物进化的连续性来揭示人类理性是否有简化的能力，应该比知道某种甲壳纲动物有几只触角更为重要。为了弄清楚如此多的问题，我们需要大量的工作者，但我们现在一个也没有。现在的研究时髦关注的是软体动物和枝形动物。人们使用相当多的拖渔网来探索深海，而对于我们踩在脚下的土地一直不闻不问。在等待研究潮流改变的过程中，我已经开辟了我的荒石园实验室进行活昆虫学研究事业，而这个实验也没有花费纳税人的一分钱。

碧绿的蝈蝈

我们现在处于七月中旬，天文学上认为的三伏天才刚刚开始。可事实上，酷热的季节要比日历提前很多天到来。过去几周里，酷暑已让人难以忍受。

今晚，村子里在庆祝国庆佳节。当小男孩和小女孩们围着篝火蹦蹦跳跳，火光反射到教堂的尖塔上时，当鼓声伴随着每一只烟火窜上天空时，我独自一人，于晚上九点，来到一个相当凉爽的黑暗的角落。在这里，我倾听着田野里的音乐会。这个收获季节里的音乐会，要比此刻村子里由火药、篝火、灯笼、烈酒等构成的国庆狂欢还要宏大，真可谓美丽中透着朴素，有力中饱含闲适。

夜已深了，蝉安静了下来。在整个漫长的白天，它都沉浸在日光和酷热中纵情歌唱。夜晚的降临意味着要休息了。不过它的休息时常被打断。在稠密的法国梧桐的枝叶间，突然传来了痛苦的呼叫声，刺耳又短促。声声绝望的哀号是蝉被狂热的夜晚捕猎者——绿色蝈蝈逮住时而发出的。蝈蝈是暗中弹跳到蝉的身上而抓住它的。蝈蝈剖开蝉的腹部并洗劫一空。狂欢的音乐过后，屠杀接踵而至。

我从来没有见过，也将永远不会见到至高无上的国庆节表达方式——在隆尚（法国行宫之一）举行的阅兵式。对此，我并不感到遗憾。报纸会带给我想知道的尽可能多的信息，它们将向我展示一张阅兵现场的草图。上面四处都有树木，在不吉利的红十字旗子上标注着"军用救护车"、"民用救护车"的说明。很显然，这些东西将会面对断掉的骨头、中暑和令人遗憾的死亡。而这些是被列入计划之内的事件。

我敢打赌，甚至在这个我生活得很平和的小村子里面，如果没有打架斗殴作为尽情欢乐的作料的话，国庆佳节将不会顺利结束，似乎在快乐中添加了痛苦这个调味品，才能使生活更加有滋味似的。

让我们远离喧闹，去倾听和冥想。当被开膛剖肚的蝉还在作无助的抗议和哀鸣的时候，梧桐树上的音乐会还在继续着，只是乐队更换了一支，现在轮到夜曲表演者们上台演出了。近处那翠绿的灌木丛是猎杀之地，但听觉敏锐的人们，也从那里听到了蝈蝈们的浅吟低唱。蝈蝈的翼膜相互摩擦发出了模糊的沙沙声，如同纺车发出的声音一样不惹人注意。在这连绵不断的沉闷低音中，时常会响起急促而尖锐的如同敲击金属般的声音，这是蝈蝈的宣叙调，而低音则构成了伴奏。

虽然低音得到了加强，但这的确是个可怜的音乐会。距离我很近的地方大约有十个蝈蝈在唱歌，但合唱声仍然缺乏强度，以至于我的老鼓膜不总是能捕捉到它们微弱的声音。但在这静谧的夜里，蝈蝈们发出的声音却让我觉得相当的悦耳和舒适。我可爱的碧绿的蝈蝈们，只要你们的声音再大一点，你们歌唱的技艺就会超过那些只会声嘶力竭的鸣蝉了。在这个国家的北方地区，鸣蝉篡夺了你们的名声和荣誉啊！

尽管如此，那鸣蝉也无法和他们的铃蟾邻居平起平坐。鸣蝉在树上嘶叫，而蟾蜍则在悬铃树下发出叮叮声响。这种蟾蜍是我研究的两栖动物中最小的，但也是最具有冒险精神和矫捷身手的。

有多少次，当夜幕即将来临，借助着白天的最后一丝光明，我在花园中徜徉、思索时总与它们不期而遇。有些东西在我面前逃走，有些则翻着筋斗。那是随风飘零的树叶吗？不是，它们是可爱的小铃蟾，刚才它们的漫步被我的到来所打断。它们急迫地躲到了一块石头、一方土块、一丛杂草之下。在平复了激动的情绪之后，它们又发出了清脆明亮的音符。

在这个举国欢庆的晚上，在我的附件有近一打铃蟾，它们叮叮的鸣叫声此起彼伏。大多数铃蟾蜷缩在花盆里，而这一排排花盆列在我的屋外形成了一个前厅。每一只铃蟾都发出它自己的音符，大多数都是一样的，不过有的声调低些，有的高些，有的短促些，有的清亮些，但音质都是那么的悠扬纯正。

它们看上去像是在反复吟咏着祷文，节奏舒缓、抑扬顿挫。一只唱道"克拉克"，另一只用更尖细的声调回应道"克力克"，第三只作为乐队主唱的男高音则掺和进来唱道"克洛克"。于是，这些声音无休止得重复了起来，就像节日里村子中的钟声一样连续作响：克拉克——克力克——克洛克；克拉克——克力克——克洛克！

这个两栖唱诗班歌手的演唱让我想起了某一种琴。当我六岁时被那种琴的充满魔力的声音唤起了对音乐的感觉后，就一直渴望得到一副。它包含一系列长短不一的玻璃片，固定在两条拉紧的布带上。一个软木塞插着的铁丝尖便成了一根敲击棒。想象一个没有经验随意敲打键盘，八度和音、不协和和弦、反和弦什么的，都乱七八糟、极其刺耳的音乐，这时你对于铃蟾的歌曲就有了一个非常清楚地了解了。

作为歌曲，这首铃蟾歌曲是没头没尾的；作为纯粹的音乐，却很悦耳。自然界的所有音乐会都是这样。在这场音乐会中我们的耳朵发现了最动听的声音，我们的耳朵变得精细了，除了现实的声音外，开始具有秩序感，这是产生美的首要条件。

现在这种从一个地方到另一个地方之间发出的柔和的声

响是婚礼的清唱，是男孩对女孩发出的朴素的召唤。不用过多询问也可以猜测到音乐会的结果；但是无法预见的是婚礼奇怪的最后一幕。注视着父亲，用最崇高的语言来说，在这种情况下是真正的慈父，它的样子变得让人认不出来，有一天它终于要离开它的隐居地了。它把它的子女紧紧地包在后腿四周，它带着一串有胡椒籽大小的卵搬家了。它的子女被包裹着，这鼓鼓的包袱缠着它的大腿；像乞丐的钱包一样压在后背上，它完全都变了模样。

它背着这么重的负担，跳不起来，拖着身子，它要到哪儿去呢？作为一个温情体贴的母亲，它要到母亲不愿去的地方；它要到附近的泥沼去，那儿温暖的水是蝌蚪孵化和生存必不可少的。当它腿四周的卵在一块潮湿的石头的遮盖下正好成熟时，它正勇敢地面对着潮湿和阳光，而它以前是热爱干燥和阴暗的；它一小段一小段的向前走着，累得肺部都充血了。泥沼也许还远着呢，不过没关系，顽强的旅行者一定会找到它的。

它走到了。它立刻跳入水中，尽管它极其厌恶洗澡；而且那串卵由于腿部的相互摩擦完全脱落了下来。卵正处于发育的重要阶段；其余的事将会自动进行下去。父亲顺利完成潜水任务便赶紧回到它受保护的干燥的家。它才一离开，黑色的小蝌蚪就孵化出来了并玩耍着，它们只是等着跟水一接触就挣破它们的卵壳了。

在这些七月薄暮的歌手中，只有一个可以变换其乐声，可以和铃蟾和谐的铃声比试高低。这就是鸮，它是个夜间活动的猛禽，样子很好看，有着圆圆的金黄色的眼睛。额头上长着两条小小的羽毛触角，这使它在这个地区得到了"带角猫头鹰"的称号。

它的歌声单调得让人心烦，但却足够响亮，在夜里万籁俱寂的时候，光是这歌声就可以响彻夜空了。这种鸟几个钟头对着月亮唱着它的康塔塔时，节拍沉着而且整齐，一直发出"去欧——去欧"的声音。

其中一只鸟一到就从广场的梧桐树上被人们高兴的喧闹声吓跑了，它请求我的接待。它的歌声压倒了所有的抒情乐曲，以自己整齐的乐章把蝈蝈和铃蟾的杂乱无章的合唱打断了。

从另一个地方传出好像猫叫的声音，时不时和这柔和的曲调形成对比。这是普通的猫头鹰的叫声——密涅瓦的沉思的鸟。它整个白天蜷缩在橄榄树干的树洞里，当夜幕降临时它便开始吟唱起来。它上下摇荡着弯曲飞行，从附近的某个地方来到了园子里的老松树上。在那里它把它不和谐的猫叫声加入到了音乐会中，由于距离的关系，这叫声稍微轻了些。

在喧嚷声中，绿色蝈蝈的声音太微弱以至于听不清；当四周安静时我才能够听到一阵阵最细微的声音。它只有一个小小的鼓和刮响器作为它的发音器官，而那些得天独厚者则有风箱、肺可以发出震动的气流。这是无法比较的。让我们还是回到昆虫上来吧。

其中有一种昆虫，虽然身材比较小且装备简单，在夜晚歌唱抒情曲方面却远远超过了蝈蝈。这就是我讲的苍白细瘦的意大利蟋蟀。它是如此的瘦弱以至于人们都不敢抓它、怕把它捏碎了。当萤火虫为了营造气氛而点燃蓝色亮光时，它便在迷迭香灌木丛中吟唱。这个纤弱的乐器演奏者最主要的是有一对大翅膀、细薄而且闪亮，像云母片一样。由于这对干巴巴的翅膀，它的声音大得可以盖过蟾蜍的赋格曲。它的演出简直就像普通的黑色蟋蟀，不过它的琴音更加清晰动人、更有颤音。当这炎热的天气来临时，真正的蟋蟀——春天里的合唱队队员，已经没有了。不知道的人们肯定会把它们混淆起来。伴随着它优雅的小提琴声而来的是另一种更加优雅而且值得专门研究的琴声。我们会在适当的时候再回过头来叙述。

如果只是挑选出类拔萃者，那它们就是这场音乐会之夜的主要合唱队员：鸮，唱着慵懒的独唱曲；铃蟾，是奏鸣曲的敲钟者；意大利蟋蟀，弹拨着小提琴 E 弦；绿色的蝈蝈，则好像敲打着小小的铁三角。

我们今天来庆祝在政治上以攻陷巴士底狱为标志的新时代，与其说是充满着信念不如说是吵吵嚷嚷罢了；可昆虫们对人类的事情表现出了极度的不关心，它们是在庆祝太阳的节日，歌唱着生活的欢愉，为炎热的六月而放声欢呼。

它们干嘛要在乎人类以及人类变化无常的高兴事儿！这些年以后为了谁、为了什么我们的鞭炮将要发出噼里啪啦的声音？谁要能回答这个问题那他真是非常有远见的。习俗在变化并且带给我们意想不到的东西。趋炎附势的烟火为了昨天还是公众敌人而今天成了偶像的人在空中盛开出一束束火花。而明天它又将为另一个人而升上天空了。

在一个世纪或两个世纪以后，除了历史学家以外，会不会有个人想起攻陷巴士底狱的问题呢？这很值得怀疑。我们都将会有别的欢乐，也会有别的烦恼。

让我们进一步展望一下未来吧。所以一切似乎都在告诉我们，当我们取得一个又一个成就之后，总有一天，人类将会灭亡，被过度的所谓文明的东西所毁灭。人类过于热切地希望能够无所不能，但他却无法享有动物宁静平和的长寿；当铃蟾在蝈蝈、鸮和其他昆虫的陪伴下一直唱着它的老调子时，人却死掉了。它们在我们之前就在地球上唱歌；在我们死后它们还将唱下去，庆祝着我们无法改变的、太阳的灼热壮丽。

我将不再在这个联欢会上更多地流连了，还是继续做个迫切渴望获得和昆虫私生活相关知识的博物学家吧。在我家附近绿色的蝈蝈似乎并不常见。去年，我打算做个这类昆虫的研究，可发现收获并不多，我不得不求助于给了我很大帮助的护林人，他送给我一对拉嘉德高原的绿色蝈蝈，在那个寒冷的地方山毛榉开始攀登上旺图山了。

反复无常的命运时不时地向坚持不懈的人微笑。去年找不到，但在今年这个夏天变得很平常。我无须走出狭小的花园，要多少蝈蝈便能够找到多少。夜晚我听见它们在绿色的灌木丛中发出窸窣声，让我们利用这有可能不会再出现的意外收获吧。

六月里，我抓了足够多的雌雄蝈蝈关在我的金属网罩里，瓦钵上铺着一层细沙。这确实是个漂亮的昆虫，浑身浅绿色，侧面有两条淡白色的丝带。它有着优美的身材、苗条匀称的比例和大大的轻盈如纱的翅膀，是蚱蜢类昆虫中最漂亮的。我对我的猎获物着迷。它们会告诉我什么呢？为了那个时刻，现在我们必须饲养它们。

我喂了这些猎获物一片生菜叶子。它们吃倒是吃，不过吃得很少，并不喜欢。很快我就明白了，我是在和并不诚心的素食主义者打交道。它们需要其他的食物：它们显然是食肉类动物，但究竟是要什么呢？一个偶然的机会告诉了我。

黎明时分，我正在门外散步，突然有什么东西从旁边的梧桐树上落了下来，同时伴有刺耳的尖叫声。我跑过去看到一只蝈蝈正在啄食一只拼命挣扎的蝉的肚子。蝉发出嗡嗡声并且挥动着它的肢，可也是徒劳；蝈蝈咬住不放，把头伸进蝉的肚子深处，一小口一小口地把蝉的内脏拉出来。

我明白了：这场进攻发生在树上，一大清早蝉还在熟睡的时候；可怜的蝉被活活咬伤，猛地一跳使进攻者和被攻击者一起从树上掉了下来。自此以后我有好多次机会来见证这相同的屠杀。

我甚至看到一只蝈蝈非常勇敢无畏地飞奔着追捕蝉，就像雀鹰在空中追捕燕子一样。但是这种以劫掠为生的鸟比昆虫低等，它进攻比自己弱的弱者。蝈蝈，在另一方面，它却攻击一个比自己大得多而且强壮的庞然大物；然而，这种力量悬殊的搏斗的结果是毫无疑问的。蝈蝈用其有力的下颌、锋利的钳子将俘虏开膛剖肚，很少失败，而蝉没有武器，只能尖叫和踢蹬。

捕猎的关键是把蝉牢牢抓住，这在睡意蒙眬的夜间是不难的。任何一只蝉只要被凶猛的蝈蝈夜间巡逻碰到都只能悲惨地死去。这就解释了夜晚音钹已不再响时、突然从树林中发出很刺耳的悲鸣声的原因。穿着苹果绿色服装的强盗突然袭击了正在熟睡的蝉。

我网罩里的寄宿者的食物找到了：我将用蝉来喂它们。它们对这道菜表现出了强烈的喜爱，以至于在两三个星期内，网罩里就像是屠宰者的院子一样，撒满了头骨和胸骨、扯下来的羽翼和断肢残腿。肚子部分全部被吃掉了。这是最美味的部位，虽然不多，但是味道似乎极其鲜美。因为在这个部位，在昆虫的嗉囊里，堆积着蝉用喙从嫩树皮里吮吸的糖浆甜汁。是不是由于这种糖浆甜汁，蝉的腹部比其他部位更美味呢？非常有可能。

事实上，我打算变换食物的花样，我决定给它们一些甜的水果：几片梨、几颗葡萄、几块西瓜。这些它们都很喜欢。绿色蝈蝈像英国人一样，特别喜爱半生不熟的牛排，并用酱做作料。这可能就是它抓到蝉后先吃其腹部的原因，蝉的腹部又有肉又有甜汁。

不是任何地方都能够吃到有甜汁的蝉肉的。在北方，绿色蝈蝈很多，但在这儿它们找不到特别爱吃的菜，它们一定还吃其他东西。为了证实这一点，我喂给它们鳃鱼金龟，夏天的这种虫子相当于春天的鳃鱼金龟。对于鞘翅目甲虫，它们都毫不犹豫地接受，吃得只剩下鞘翅、头和爪。喂给它们漂亮而且多肉的松树鳃鱼金龟，结果也是一样，第二天我便发现这顿奢侈的食物被我这一群肢解牲畜的好手全部开膛剖肚了。

这些例子已经告诉了我们很多：蝈蝈是非常喜欢吃昆虫的，尤其是那些没有过硬胸甲保护的昆虫；它非常喜欢吃肉，但不像螳螂那样只吃肉。蝉的屠夫能够改变其饮食。在吃肉喝血之后，也吃水果甜汁，甚至有时没有好吃的它还可以吃点草。

不过同类相食的行为在蝈蝈中还是很普遍的。诚然，在我的蝈蝈网罩里，我从来没有目睹过在修女螳螂中捕杀竞争对手、活吞情人这样如此常见的残暴行为；但是，如果某个蝈蝈死了，活着的蝈蝈几乎不会放过品尝其尸体的机会，就像吃任何普通的动物一样。它们并不是因为食物缺乏才吃死去的同伴。除此之外，所有携带军刀者都以不同程度地表现出这种爱好，即吃受伤的同伴来填饱它们的肚子。

在其他方面，在我的网罩里，蝈蝈彼此之间十分和平地共处。它们之间从没发生过严重的争吵，顶多竞争食物时有些敌对而已。我扔了一片梨。一只蝈蝈立刻趴在上面。出于妒忌，它都要踢开试图来咬这美味的蝈蝈。自私心是到处存在的。当它吃饱了后，便让位给另一只蝈蝈，则那另一只蝈蝈也变得不宽容起来。这样一个接着一个，所有的蝈蝈就都能品尝到美味而精神振作。嗉囊装满后，它们用喙部挠挠它们的脚底心，用沾着唾液的爪擦擦前额和眼睛，然后以沉思的姿态抓着网纱或者躺在沙滩上，无忧无虑地消化食物，它们一天中的大部分时间都是在睡觉，特别是最炎热的时候。

到了傍晚，太阳下山后，这群蝈蝈变得活跃起来。九点左右兴奋达到最高点。它们突然纵身一跳，攀爬上网顶，又匆匆爬下来，然后又立刻爬上去。它们哄闹着走来走去，在圆形网罩里跑啊跳啊，路上遇到好吃的东西就吃一点，但并不停下来。

雄蝈蝈到处发出刺耳的声响，用触须挑逗从一旁经过的雌蝈蝈。未来的母亲半举着尖刀神态端庄地游逛着。对于这些兴奋、高度活跃的雄蝈蝈来说，交配的大事即将来临了。内行人一眼就可以看出来。

这也是我特别想观察的事儿。我的愿望得到了满足，但是并不充分，因为时间太晚了，我无法见证到婚礼的最终行为。交配是在深夜或者一大清早进行的。

我看到的一点点情况就是，蝈蝈的婚礼前奏很冗长。热恋者脸对着脸、几乎是头碰着头，用柔软的触须长时间地互相触摸着、探询着。就像两个击剑手把花式剑来回交叉，而没有干起来。雄蝈蝈时不时地叫几声，弹几下琴弓，然后便保持安静了，也许是感觉太过激动而无法继续下去。十一点的钟声响了；这爱情的表白还没有结束。很可惜，但我实在太困了，我放弃了观看。

第二天早晨，一大早，雌蝈蝈的产卵管下垂着奇怪的囊状物一样的东西，这是个乳白色卵泡，有一粒豌豆那么大，大体上细分成一些鸡蛋形状的囊。当雌蝈蝈走动时，这个东西便擦着地上，沾上了几粒黏性的细沙，变脏了。蝈蝈然后享受了一顿正在受孕的卵泡的盛宴，它慢慢喝光卵泡里的东西，然后一点儿一点儿地吃掉；它长时间咀嚼这个黏黏的东西，最后全部吞了下去。还不到半天的时间，这乳白色的卵泡已经消失了，被津津有味地品尝并全部吃光了。

有人会觉得这肯定是从另一个星球输入的不可思议的盛

宴，因为这和地球上的习俗相差太远了。蚱蜢类昆虫是陆地上最古老的动物之一，这些蝗虫科昆虫是多么奇特的种族啊，就像蜈蚣和头足类动物一样，作为古代生活方式的过时代表。

锥头螳螂

海洋是生命的第一母亲，在海洋深处还存在着许多形状奇特且不和谐的、动物王国最早的生命试验品；土地虽然没有海底富饶，但却更能适应变化，以前的奇特生物几乎全部消失了。少数存留下来的属于原始昆虫类，这些昆虫技能极其有限，变态也受到限制，几乎没有变态。在我的家乡，那些让人想起原始石炭纪森林里的反常昆虫的，首先是螳螂科昆虫，包括习性和结构都很古怪的修女螳螂。锥头螳螂亦是如此，它是本章的研究对象。

锥头螳螂的幼虫是普罗旺斯陆地动物群中最奇特的生物：它很纤细，摇摆不定，样子奇怪，外行人都不敢去抓它。我邻居家的小孩儿被它的样子吓到了，称它为"小鬼虫"。在他们的印象里，这个古怪的小小的生物，就如同巫术一般。从春天直到五月，到秋天，有时甚至到阳光灿烂的冬天，人们都可以看到它从旁边经过，虽然都是稀稀疏疏地经过。荒芜草地上的硬草皮，有阳光又有石块儿躲避大风的矮小灌木丛，都是这个怕冷的家伙喜欢的住所。

让我们给它画个速写吧。它的肚子总是往上翘，都快连到后背了，展开时像抹刀，卷起来时像曲棍。肚皮下方有尖尖的小薄片，像叶片一样绽放开来，排成三行，当肚皮向上卷时叶片也就翻到了背上。这个鳞片状的曲棍竖立在四根又长又细的支柱上，四条腿上武装着斜撑，也就是在大腿和小腿相连的关节上，有一块弯弯的、突起的镰刀状的薄片。

这四角板凳似的底座突然往上拐个弯，也就是坚硬的前胸，前胸长得不成比例而且几乎是直立的。在像稻草秸一样又圆又细的前胸顶端，长着捕捉器，就像搏斗时螳螂的前足。像锯齿一样的钳口末端长着比针还要尖的铁钩，真是凶恶的老虎钳。上臂的钳口中间开了一条小槽，小槽每边有五根长刺，长刺之间有更细小的锯齿。前臂的钳口同样开了一条小槽，不过小槽两边的锯齿更加细密均匀，休息时，就折回到上臂的小槽里。用放大镜观察发现，每个小槽都有二十根相同的尖刺。这个捕捉器除了只是规模不大外，还真是个令人胆战心惊的酷刑工具。

它的头部和这套军械装备很协调。这真是个形状奇怪的头！脸尖尖的，触须像海象的八字胡一样翘起；大大的眼睛突出来；两眼之间有一把匕首，一支铁戟，在前额上更是有个奇怪的闻所未闻的东西：一顶过高的帽子岬角般耸立着，像尖尖的翅膀一样左右张开，顶端还裂了一条小槽。这个小鬼想用这丑陋怪异的尖帽子来干什么？不管是东方的魔术师还是西方的占星师都没有戴过比这更奇怪的帽子了。我们看看它捕食就知道了。

它的装束很寻常，全身以浅灰色调为主。在幼虫后期，蜕了一些皮之后，它开始露出了比成虫更加华贵的装束，并且出现了不明晰的浅绿、白色和红色的条纹。雌性和雄性已经能够从触须辨别出来。未来的母亲的触须是线状的，而未来的父亲的触须的下半部分鼓胀成一个纺锤，形成一个盒子或护套，以后从这里面会长出华丽的羽毛。

注视着这个小生物，其外形可以和卡洛的荒诞的铅笔画相媲美。如果你在荆棘丛中看到它，它会在自己四条高跷腿上摇来摇去，摇晃着它的头，以狡黠的神情看着你，转动着它的高帽子，伸到肩上去探听消息。在它那尖尖的小脸上你似乎能看到调皮的表情。当你试图抓住它时，这炫耀的姿势立马消失了。那竖起的前胸低了下去，捕捉器抓住细树枝，匆忙大步地逃走。如果你目光稍微敏锐一点儿，就会发现它逃的并不远。锥体螳螂被抓了起来，为了防止扭伤它脆弱的肢体，把它装到一个纸袋里，最后关进一个铁丝网罩里。这样，在十月里，我就抓了足足一大群锥头螳螂。

怎么喂养它们呢？我的锥头螳螂还很小；它们最多才只有一两个月。我用跟它们大小差不多的蝗虫来喂它们，那我只能找最小的蝗虫了。可它们并不吃。更有甚者，它们害怕蝗虫。如果哪个冒失的蝗虫友好地靠近一只四脚挂在网罩顶的锥头螳螂，这个不速之客就会受到不友好的接待。锥头螳螂把它的高帽子耷拉下来，然后远远地猛撞过去。我们知道了：这个奇怪的帽子是防御的武器，是防身的头盔。公羊用它的角撞人，而锥头螳螂用它的帽子撞人。

但它们还没吃东西呢。我喂给它们活的家蝇。它们毫不犹豫地接受了。家蝇从它们身边飞过，这些警觉的小鬼就转动它们的脑袋，弯下像稻草秸一样的前胸，探出捕捉器，用它们的双排锯紧紧地抓住家蝇。猫捉老鼠也不会比它们敏捷。

虽然猎物很小，但作为一顿饭也是足够了。一只家蝇够锥头螳螂撑上一整天，有时甚至好几天。这是第一个令我吃惊的事儿：装备这么凶猛武器的昆虫食量竟然这么小。我本以为它们是吃人妖魔，却发现它们吃得很少便能满足的节食者。一只家蝇至少可以把它们的肚子填上二十四小时。

秋末就这样过去了：锥头螳螂一天比一天吃得少，一动不动地挂在铁丝网罩上。它们的自然绝食帮助了我，因为苍蝇变得越来越少了；我必须给这些食客们提供粮食，我会非常困窘，而这样的时刻终于来了。

冬天的三个月没有什么变化。如果天气好，我时不时地把笼子放到窗台上去晒晒太阳。沐浴在温暖中，这些锥头螳螂们会稍微伸展一下肢体，左右摇摆，决定移动一下，但没有表现出任何食欲。我辛辛苦苦抓的几只苍蝇也不能诱惑到它们。对它们而言，度过这个寒冷的季节，彻底绝食是个规定。

我在笼子里的饲养告诉了我锥头螳螂冬天在野外的情况。小锥头螳螂躲在岩石的裂缝里，那是最暖和的地方，它们在麻木中等待着温暖的到来。尽管有许多石头庇护着，但当霜冻期延长、大雪一点一点渗透到这绝佳的藏身地时，还是很煎熬的。不过没关系，它们比看起来要强壮，它们熬过了危险的冬天。如果有时阳光强烈，它们偶尔会走出藏身地，来看看春天是不是快来了。

春天来了。现在是三月。我的囚徒们骚动起来，脱胎换骨。它们需要食物。我的食物的问题又来了。在这个时候很缺乏很容易捕捉的家蝇。我不得不转向那些出现的比较早的双翅目昆虫，如尾蛆蝇。但锥头螳螂不吃。对于它们来说，尾蛆蝇太大了，反抗太激烈了。锥头螳螂甩动它们的高帽子以阻止它们再靠近。

几只小飞蝗被它们乐意地接受了，这可是几块嫩肉。不幸的是，像这种意外之财在我的网罩里很少。锥头螳螂又只能绝食，直到出现了最早的蝴蝶。从此以后，菜花上的白蝴蝶——菜粉蝶便成了锥头螳螂主要的食物来源。

我把菜粉蝶松开放进笼里，锥头螳螂觉得这是很好的猎物。锥头螳螂窥伺着菜粉蝶、抓住菜粉蝶，但又立刻放开了，因为它还没有力量去制服菜粉蝶。蝴蝶的大翅膀扇着风，鼓动着它，让它不得不放开刚抓到的猎物。我过来帮助这只脆弱的虫子，剪掉了菜粉蝶的翅膀。受了伤的菜粉蝶还是充满着生机，在网纱上攀爬着，但立刻被锥头螳螂抓住了，锥头螳螂一点也不害怕它们的反抗，把菜粉蝶嘎吱嘎吱地咬碎了。对于锥头螳螂来说，这道菜很美味，而且很丰盛，因为只剩下了许多它们不屑一顾的残羹冷菜。

它们只吃了菜粉蝶的头部和上胸，剩下肥肥的肚子，前胸、爪子，当然还有剪去后剩下的一点翅膀，这些碰都没碰被扔到一旁。这意味着它们选的是最嫩最美味的肉吗？不，因为肚子上显然肉汁要更多一些；而锥头螳螂没有吃，尽管它连家蝇的最后一块肉都要吃掉。这应该是一种战争策略。我面前又是一只从颈部进攻猎物的昆虫，它能够将猎物迅速地杀死，以免猎物一直挣扎影响其享用美食。锥头螳螂和螳螂一样，是这方面的专家。

一旦注意到这一点，我意识到，不管是苍蝇、蝗虫、飞蝗或蝴蝶都总是从颈后被抓住。第一口咬的地方是颈部淋巴结，猎物则突然就死亡或者不动弹了。猎物完全麻痹可是让捕食者太太平平地进食，而这是每顿佳肴最基本的条件。

锥头螳螂虽然弱小，但也掌握了迅速摧毁猎物抵抗的秘诀。为了给猎物致命一击，它首先咬住猎物的颈后；然后继续一点一点地咀嚼最初的进攻点。这样一来，蝴蝶的头部和前胸上部消失了。但是那时猎人已经吃饱了；它吃得太少了！吃剩的就被它扔在地上，不是因为不好吃，只是因为这对于它来说太多了。一只菜粉蝶远远超过了锥头螳螂胃的容量。蚂蚁还能从它吃剩的食物中受益。

在谈到锥头螳螂的变态之前，还有另外一点需要说明。从头到尾，小锥头螳螂在铁丝网罩中的姿势没有变化过。它们用四只后腿的爪尖紧紧勾在网纱上，占据着笼子上面的位置，一动不动，后背朝下，用四个悬挂点支撑住整个身体。如果它想移动，就打开前面的劫持爪，伸长，抓住一个网孔然后把身体拉过去。当这个短距离的移动完成时，劫持爪又折回到胸前。一直就只靠后面的四条高跷腿支撑着这整个悬挂着的昆虫。

在我们看来，这种倒挂的姿势很难，可它们挂的时间却不短：在我的笼子里，它们保持这种姿势长达十个月，从来没有间断过。当然，苍蝇也能以同样的姿势倒挂在天花板上，但是它会不时地休息；它飞一飞，以正常的姿势走一走，在阳光下伸展它的肢体。而且，它杂技般的姿势不会持续很长时间。而锥头螳螂保持这种奇特的平衡姿势长达十个月之久，从来没有间断。它背朝下悬挂在网纱上，捕食、进食、消化、打盹儿、蜕皮、经历变态、交配、产卵，然后死去。它爬上去的时候还很年轻；当它掉下来的时候，已经变成了一具尸体。

在自然状态下，事情的发生并不完全是这样。昆虫背朝上站立在灌木丛中，它按正常姿势保持着平衡；要隔很久才会出现倒挂身体的情况。由于长时间的悬挂并不是它们这一种族天生的习惯，所以在我的笼子里这个姿势才显得更引人注目。

这让我想起了蝙蝠。蝙蝠也是头朝下用后爪抓住洞顶悬挂的。鸟的趾爪奇特的结构使它们睡觉时能够吊在一个爪子上，这个爪子能够自动地、不知疲倦地紧紧抓住摇晃的树枝。但是锥头螳螂没有类似的结构。它那可以活动的小爪子很普通：两个爪尖、两个像杆秤一样的爪钩，就这样了。

我真希望解剖学能够向我展示一下它那比钢丝还细的腿里的肌肉、神经和控制爪尖的肌腱，能够让它们在这十个月里紧紧抓住，无论是醒着还是睡着。如果真的有把灵巧的解剖刀研究这个问题，我还想请他解决另一个比锥头螳螂、蝙蝠和鸟类的姿势更奇怪的问题。我是指某些膜翅目昆虫夜间休息的姿势。

八月末，我的围墙上出现了许多有红色后爪的砂泥蜂，它们在薰衣草边挑选住所。黄昏时分，特别是天气闷热的黄昏，当暴风雨将要来临之时，我确定能在那里找到有着睡姿奇怪的砂泥蜂。它夜晚的休息姿势真是太奇特了！它嘴里咬着薰衣草秆。这种直角形状比圆形支撑得更加牢固。靠着这个唯一的支撑，砂泥蜂的身体笔直地伸在空中，爪子折叠了起来。它的身体和支撑物的轴线形成了一个直角，而它的身体形成了一个杠杆，昆虫全部的重量压在了嘴这唯一的支撑上。

砂泥蜂靠着它强大的下颚的力量伸展着睡在空中。只有昆虫才会想出这样的主意，这打乱了我们先前对休息的看法。就算暴风雨即将来临，就算薰衣草秆会在风中摇晃，砂泥蜂也不担心它那摇晃的吊床；最多它只是暂时用其前爪抓住摇晃的立杆。一旦恢复平衡，它就又重新恢复它喜欢的水平杠杆姿势。也许它的大颚就像鸟类的趾爪一样，具有风越大它抓得越紧的能力。

砂泥蜂并不是唯一采取这种奇怪睡姿的昆虫，很多其他昆虫还模仿它——黄斑蜂、螺赢蜂、长须蜂和雄性蜜蜂。它们都用大颚咬住稻草秆睡觉，身体伸直，爪子折叠起来。有一些较为肥胖的，身体弯成弓形，肚子尾部也靠在秆子上。

我们对膜翅目昆虫住所的探访并没有解决锥头螳螂的问题，反而提出了另一个不易解答的问题。它告诉我们，当要区分动物的机器齿轮是出于疲劳状态还是休息状态时，我们是多么没有远见。砂泥蜂反常地用嘴巴保持静止，而锥头螳螂毫不疲倦地用它的爪倒挂了十个月，使生理学家不禁感到困惑，他们对到底什么是真正的休息感到疑惑。事实上，从来没有休息，除了生命的结束。斗争从来不会停止，总有某块肌肉在使劲，某根肌腱在绷紧。睡觉就像是回到虚无的静止状态，和清醒时一样，也是在用力。有的是用足爪，有的是用卷起来的尾巴；而有的是用趾爪，有的是用下颚。

五月中旬，锥头螳螂的变态有了结果，出现了锥头螳螂的成虫。成虫在体型和服饰上比修女螳螂更引人注目。它从幼虫的古怪体型中保留了那尖尖的帽子、锯齿状的捕捉器、长长的前胸、青蛙般的腿和腹下的三行薄片；不过腹部不再弯曲成曲棍，它的姿势也就好看多了。不管是雌性还是雄性，它们都有大大的、浅绿色的翅膀，翅肩是玫瑰红，都能够迅速飞跃；这大大的翅膀盖住了肚子，肚子下方白一块绿一块。雄性锥头螳螂很俊俏，有羽毛状触须装饰，就像某些蝴蝶，蚕蛾的触须一样。关于其个头儿，雄性和雌性差不多大。

除了一些细微的结构上的差异，锥头螳螂和修女螳螂一样。乡民们把两者搞混了。在春天里，他们遇到戴着高帽子的昆虫，便以为看见的是习以为常的"祷上帝"，而"祷上帝"是在秋天才能见到的。形态上的相似也许意味着习性的相似。事实上，人们受锥头螳螂这奇怪的盔甲所诱惑，想把比螳螂更残酷的生活加到它身上。我自己一开始也这么想，而且任何人，深信那些虚假的相似结构的人一定都会这么想。这是另外一个要打消的错误念头：尽管锥头螳螂看起来很好战，它其实是个爱好和平的昆虫，而且几乎不会有暴跳的麻烦。

我把它们养在笼子里，有的是六只成群饲养，有的是一对对分开饲养，它们一直都很安静。就像幼虫一样，成虫都控制它们的饮食，每日的口粮是一到两只苍蝇。

大食量的总是动不动就争吵。螳螂被蝗虫胀大了肚子，立刻变得暴躁起来，摆出挑衅的姿势。锥头螳螂，每顿吃的都很简单，从不让自己表现出敌意。它们邻里之间没有争吵，也从来没有突然张开翅膀——这对于螳螂来说可是摆出幽灵般的姿态，发出受惊的游蛇的声音；在它们残忍的盛宴中，没有一点儿三心二意，吞食在斗争中输了的姐妹。如此凶残的行为在这里都是未知。

婚姻的悲剧也是未知的。雄性锥头螳螂大胆而且坚持不懈，在成功之前要经受很长时间的考验。它一天一天地纠缠着它中意的同伴，一直到对方屈服。婚礼之后一切正常。雄性锥头螳螂的羽毛退了下来，依然受到雌锥头螳螂的尊重，然后它就忙于捕食，丝毫没有被逮住吞食的危险。

雌雄锥头螳螂安静平和地生活在一起，互不干涉，一直到六月中旬。那时候，雄性变得衰老，决定不再捕食，走路也变得摇摇晃晃，慢慢地从高高的金属网罩上爬下来，最后摔倒在地。它寿终正寝了。而雄性修女螳螂，如果你还记得的话，它是在贪婪的雌性螳螂的胃里结束生命的。

锥头螳螂的产卵是紧接着雄性锥头螳螂消失之后的。

再说几句锥头螳螂和螳螂的不同的习性。螳螂是好战的、残忍的；而锥头螳螂是安静的、平和的。它们的器官结构是一样的，究竟是什么导致它们习性上有如此大的不同？可能是饮食的不同吧。粗茶淡饭确实能软化性格，这对于昆虫和对于人类都一样；大吃大喝使性格变得残忍。大吃大喝者拼命吃肉喝酒，容易凶猛爆发，他们不可能像将面包蘸着奶油一点点吃的人那样温和。螳螂就是那大吃大喝者，而锥头螳螂则是朴实的。

就算如此，但是为什么一个狼吞虎咽，而另一个饮食却非常节制？它们看上去有着几乎完全一样的结构，应该会有相同的生理需求啊。这些昆虫早已以它们的方式告诉我们：习性和才能并不仅仅取决于生理解剖结构；在很多支配物质的物理法则之上，还有很多支配本能的法则。

天　牛

　　我年轻时曾对著名的肯迪拉克的雕像非常崇拜，他认为天牛有嗅觉上的天赋，嗅一朵玫瑰花，然后仅仅靠所嗅的香味就可以产生许多想法。我二十岁的脑海里，全是对这种形式上的推理的信仰，喜欢这个哲学家的神奇说教：我以为我会看到，只要嗅一下，这个雕像变会活过来，能产生视觉、记忆、判断能力和所有心理活动，就像只要一粒小石子可以在一潭死水中激起涟漪。在我的良师——昆虫的影响下，我放弃了我的幻想。天牛告诉我，昆虫所提出的问题比教士的说教更令人费解。

　　灰色的天空预示着冬天即将来临，我开始准备过冬取暖用的材料，日复一日的写作中还有了一点点消遣。在我的明确表示下，伐木工已经在他的伐木区挑选了树龄最大而且伤痕累累的树干。我的想法让他感到好笑；他对于我选择这些蛀痕累累的树干的奇怪想法感到很不解，他认为完好的木材更易于燃烧。我在这件事上有自己的打算；这忠厚的伐木工听从了我的想法。

现在轮到我们两个来观察了。完好的橡树树干上有一道道伤痕，从那里流下的褐色眼泪带着制革厂的味道。树枝被咬，树干被劈开。那侧面究竟又包含什么呢？这对我的研究是极其重要的财富。在干燥的沟痕中，各种各样、成群的昆虫有能力度过这寒冷的季节，做好了宿营的准备：吉丁虫建了扁平的长廊；壁蜂已经用嚼碎的树叶在长廊中筑好了房间；在被遗弃的前厅和蛹室里，切叶蜂已经安排了茂密的睡袋；在多汁的树干中，天牛的幼虫——毁坏橡树的罪魁祸首，已经在那里安了家。

相对于生理结构合理的昆虫，天牛的幼虫真是多么奇特啊：它们就像一些蠕动的小肠！每年的这个时候，即中秋时节，我都能看到两个年龄段的幼虫。年长的幼虫有一根指头那么粗；而另一种则几乎达不到铅笔的直径。另外，我还看到过颜色各异的天牛蛹和一些成形的天牛，它们的肚子都是鼓鼓的，当天气变得暖和时，它们便会从树干中出来。它们要在树干里生活三年。它们是怎样度过这长时间孤独的囚禁的日子？天牛在粗壮的橡树树干里闲逛，它们挖掘通道，用挖掘出来的东西作为食物。修辞学中有约伯的马吃掉了道路的比喻；而天牛的幼虫确实吃掉了道路。它黑色强健的上颚像木匠的半圆凿，很短小，没有锯齿却像一把边缘锋利的勺子，天牛幼虫用它来挖掘通道。钻下来的碎屑进入幼虫的胃、产生少量的胃液、消化之后被排泄出来堆积在幼虫身后，留下一条被啮噬过的痕迹。工程所挖出来的碎屑给幼虫前进开辟了空间。幼虫一边补充食物一边挖掘道路，随着工程不断前进，道路也被挖掘出来；身后的道路也被残渣不断阻塞。然而，所有的钻路工一般都是这样从事工作的，既获得了食物又找到了住所。

为了使两片半圆凿形的上颚能够完成这艰苦的工作，天牛幼虫将其肌肉力量集中在身体的前半部，使之呈现出杵头的形状。吉丁虫——另一个灵巧的木匠，采用了同样的姿势工作；吉丁虫的杵头更为夸张，用来猛烈挖掘坚硬木材的那部分应该需要强壮的肌体；而身体的后半部分只需要跟在后面，因此比较纤细。最主要的是作为挖掘工具应该具有扎实的支撑和强劲的力量。天牛幼虫用围绕在嘴边结实的、黑色的角质盔甲来加固它半圆凿的上颚；除了它的头部和装备之外，天牛幼虫的皮肤像缎面一样细腻、像象牙一样洁白。这种洁白来源于其体内丰富的脂肪，对于饮食如此简单的昆虫来说真是无法想象。确实，天牛幼虫每天无事可做，除了不停地啃啊嚼啊。这些进入天牛幼虫胃里的木屑为其补充了营养成分。

天牛幼虫的足有三部分，第一部分呈圆球状，最后一部分呈尖状，这些只是退化的器官。它们都不足一毫米长。因此这对于爬行毫无作用；由于身体过度肥胖，它们甚至够不到支撑面。天牛幼虫爬行的器官完全不同。天牛幼虫可以仰面爬行也可以以腹部朝下爬行；它代替了胸部毫无用处的足，它有一个像脚一样的爬行器官，这个爬行器官背离常规，长在背部。

天牛幼虫腹部有七个环节，上下都长有一个布满高低不平乳突的四边形平面。这些乳突可以使幼虫随意膨胀、收缩、突起、躺平。上面的四边形平面由两部分组成，从背部血管分开来，下面的四边形平面则看不出分为两部分。这些就是天牛幼虫的爬行器官。当幼虫想向前爬行时，它就鼓起后面的步带，即背部和腹部的步带，然后压缩前面的步带。由于表面不平，后面的步带将身体固定在狭小的通道壁上以得到一个支撑。通过缩小身体的直径压缩前面的步带，这样使天牛幼虫能够向前滑动爬行半步。走完一步后，还需要把后半部身体拖上来。为了达到这一目的，幼虫将前面的步带鼓胀起来作为支点，同时后部步带放松，使各环节能够自由收缩。

借助背部和腹部的双重力量，交替放松和收缩身体，昆虫能在自己挖掘的长廊中自由地前进后退，就像工件能在模子里进退自如一样。但是如果行走步带只能用一个，那它就不可能前进。将天牛幼虫放在光滑的木制桌面上，天牛幼虫扭动缓慢；它伸长身体、收缩身体，却一点也不能前进。将天牛幼虫放在有裂痕的橡树树干上，因为树表有裂痕，表面粗糙、凹凸不平，天牛幼虫非常缓慢地从左到右、又从右到左地扭动身体的前半部，抬起一点，又放下，如此重复。这是它们最大的行动幅度。它那退化的足一动不动，一点用都没有。那为什么它们会有这样的足？如果在橡树内爬行真的使天牛丧失了最初发达的脚，那这些脚完全没有了岂不是更好？环境的影响使幼虫长着行走步带，这真是太奇妙了，但却让它留下这些无用的残肢，真是有点可笑。会不会天牛幼虫的身体结构是服从其他法则，而不是受环境的影响呢？

这些残弱的足作为成虫足的前身而存在，成虫敏锐的眼睛在幼虫身上没有任何预兆。在幼虫身上，没有任何视觉器官的痕迹。在昏暗厚实的树干内，视力又有什么用处呢？听觉同样如此。在安静的不会被打扰的橡树的最深处，听觉也是毫无意义的。在没有声音的地方，听力又有什么用处呢？如果有人对此感到疑惑，我将用下面的实验来回答。纵向剖开树干，留下半截通道，我可以观察这个居民的一举一动。幼虫时而挖掘前方的长廊，时而停下来休息，休息时用步带将身体固定在通道的两侧。我利用它休息的时候来研究它对声音的反应。无论是硬物的碰撞声，还是金属物的清脆声音，还是用锉刀锉锯子的声音，测试都毫无效果。天牛幼虫对这些声音无动于衷。既没有本能的退缩，也没有皮肤的抖动；也没有警觉的反应。当我用尖尖的硬物刮它旁边的树干、模仿其他幼虫啮噬树干的声音，都没有取得好的效果。人为的声响对于天牛幼虫来说就像是无生命的物体一样，毫无影响。天牛幼虫就像聋子一样。

那它有嗅觉吗？各种事实都告诉我们是没有的。嗅觉只是辅助用来寻找食物的，但是天牛幼虫并不需要寻找食物：它以它的住所为食，以给它提供栖身之地的树木为食。另外，让我们来做一两个实验。我在一段柏树树干中挖了一条沟痕，其直径与天牛幼虫长廊的完全相同，我将天牛幼虫放入其中。柏树有很浓的味道，其具有大多数针叶植物都有的强烈的树脂味。当把天牛幼虫放到气味浓郁的柏树沟痕中，幼虫尽其所能爬到了通道的尽头便不再动了。这种不动的静止状态不就证明了天牛幼虫缺乏嗅觉能力吗？对于长期居住在橡树内的天牛幼虫来说，树脂这种独特的气味会使它感到忧虑和反感；而这种令人不快的感觉会通过身体的抖动或有逃走的企图表现出来。但是，没有这样的反应：天牛幼虫在沟痕里找到合适的位置就不再移动了。于是我又做了另外的实验：我在离天牛幼虫很近的地方、在它自己的长廊里放了一撮樟脑，仍然没有效果。我又用苯进行了同样的实验，仍然没有效果。经过这些毫无结果的尝试后，我认为否定天牛幼虫有嗅觉不会有太大的问题。

毫无疑问天牛幼虫是有味觉的。但是这是怎样的味觉啊！天牛幼虫的食物很单一，在橡树内生活了三年，橡树便是其唯一的食物，没有其他的食物。那天牛幼虫的味觉是如何评价这单一的食物的？吃到新鲜多汁的橡树干会觉得美味，吃到太干的、没有调味品的树干会觉得干；这些可能就是天牛幼虫的全部味觉标准。

剩下的便是触觉。触觉分布很散，而且是被动的，对于所有有生命的肉体来说，被针刺都会颤抖。所以，天牛幼虫的感觉能力只限于味觉和触觉，两者都相当迟钝。这使人想起了肯迪拉克的雕像。哲学家心中理想的生物只有一种感觉能力——嗅觉，而且和我们正常人一样灵敏；而现实中的生物，橡树的破坏者却有两种感觉能力，但是把两者加起来，与前者能够清楚分辨玫瑰花和其他事物的嗅觉能力相比，迟钝很多。现实和虚构总是大相径庭。

对于具有如此强大的消化功能、如此弱的感觉功能的昆虫，它们的心里状态是什么样的呢？我脑海中经常有个不切实际的愿望：能够用狗迟钝的大脑思考几分钟，能够用蝇的复眼观察这个世界，那事物的表面会有多大改变啊！如果用昆虫幼虫的智力来解释世界，变化就更大了。触觉和味觉给那些已经退化的器官带来了什么呢？非常少，几乎没有。天牛幼虫知道好的木块会有一种收敛性的味道；未经自己刨光的通道壁会刺痛皮肤。这就是它们智慧所能达到的最大限度。相比之下，肯迪拉克认为拥有灵敏嗅觉的天牛是科学的奇迹，是被创造者过分赞美的杰作。它可以回忆过去、比较、判断、推理；可这昏昏欲睡的大肚子它会回忆过去吗？它会比较吗？它会推理吗？我把天牛幼虫定义为一节可以爬行的小肠。这个十分贴切的定义为我提供了答案：天牛幼虫所有的感觉能力就是一节小肠可能拥有的能力。

这个毫无用处的家伙却有着惊人的预测能力；它对自己的现状几乎是一无所知，却可以非常清楚地预知未来。我将对这一奇特的观点作一番解释。这三年中，天牛幼虫在这粗厚的树干中晃晃荡荡；一会儿爬上，一会儿爬下，一会儿翻转到这边，一会儿翻转到那边；它为了另一处的美味放弃了眼前正在啮噬的木块，但都不会远离树干深处，因为这里温度适宜，比较安全。当危险的日子来临时，这个隐居者不得不离开它舒适的环境去面对外面的危险。光吃还不够，还必须离开这里。天牛幼虫拥有良好的挖掘工具和强健的身体，通过挖掘通道寻找适宜的住所并不难；但是未来的天牛成虫，它短暂的生命必须在外界度过，它有这样的能力吗？在树干内生长的长角昆虫知道要为自己挖掘一条逃走的道路吗？

这是得天牛幼虫凭直觉解决的困难。尽管我有清晰的理性，但却不能那样熟知未来，我还是求助实验来弄清问题。我发现成年天牛完全不能够利用幼虫挖掘的通道离开树干。这是一个非常长、非常不规则、被堆放了一堆蛀痕累累的树干的迷宫，直径从尾部向前逐渐缩小。当幼虫钻入树干时它只有一段麦秆的大小，到现在它变得有手指般粗了。在树干中的三年，幼虫一直根据自己身体的直径进行它的挖掘工作。很显然，幼虫进入树干的通道和行动的通道已经不能作为成虫离开树干的出口了：成虫伸长的触角、修长的足、不可折叠的甲壳在这狭窄弯曲的通道里都会遇到无法逾越的障碍，它必须清理通道里的障碍物并拓宽通道的直径。开辟一条新的笔直的通道对于天牛成虫而言难度要小一些。让我们拭目以待。

我将一段橡树劈成两半，在其中挖凿了一些合适大小的天牛成虫的洞穴。在每个洞穴里，我人为放入一只刚刚完成变态的天牛成虫，这些天牛成虫是十月份我在过冬的储备木材中发现的。我将两段树干用金属线连到一起。六月份到了。我在树干中听到了敲打声。是天牛们要出来吗？我认为它们的逃跑工作并不难；它们只需要钻四分之三英寸的通道便可逃走，但是没有天牛逃出来。当一切变得安静了，我剖开了它。里面的俘虏全部死了。里面有一堆木屑，还不足一口烟的烟灰量。这就是它们的全部成果。

我对天牛成虫强劲的工具——上颚期望过高。但是，就如我之前所说，工具并不能造就好的工人。尽管它们拥有良好的钻孔工具，这个隐居者由于缺乏技巧在我的洞穴中死去了。我将它们关在和天牛出生时的通道相同直径的宽敞的芦苇管中，用一块天然隔膜作为障碍物。隔膜很柔软，只有两三毫米厚。有一些天牛能从芦苇管中逃脱，而另一些却不行。那些不够勇敢的天牛被柔软的隔膜堵在了芦苇管中，死了。如果它们必须穿过橡树树干，那会是什么样子？

我们深信：尽管天牛成虫外表很强壮，但却无法只靠自己的力量离开树干。这还得靠貌似肠子的天牛幼虫的智慧来挖掘逃脱之路。我们看到天牛重新以另一种方式展现了卵蜂的功绩。卵蜂的蛹身上长有钻头，为了以后那软弱无能的成虫能够穿过通道。出于一种令人难以捉摸的神秘预感的推动，天牛幼虫离开了橡树，离开了它安静的住所，离开了它坚不可破的据点，扭动着前进到橡树外，那里居住着它的天敌——啄木鸟，可能要吞噬着美味多汁的昆虫。天牛幼虫冒着生命危险，倔强地挖掘通道一直到树皮层，它只留下薄薄的一层阻隔作为自己的窗帘。有时有些冒失的幼虫甚至捅破这窗帘，直接留出一个窗口。

这便是天牛成虫逃脱的出口。为了使其逃走，天牛成虫只需要用上颚和前额捅破这层窗帘即可。当窗户打通的时候，就可以直接从已经打开的窗口逃走，这是经常发生的。当天气回暖时，这不熟练的木匠，戴着它夸张的头饰，就可以通过这个窗口从黑暗中逃出来。

在为将来的逃走做好准备后，天牛幼虫又开始为眼前的工作做准备了。天牛幼虫刚挖好逃脱窗口，便躲避到长廊中不太深的地方，在出口的另一侧，为自己凿了一个蛹室。我从来没有见过如此装修豪华、壁垒森严的房间。这是一个宽敞的窝，形状呈扁椭圆形，长度可达八十到一百毫米。椭圆结构的两条中轴长度不一样：横向轴长二十五至三十毫米，纵向轴长只有十五毫米。这个尺寸比成虫的长，给成虫的足部的自由活动留有一定空间。当打破壁垒时，这样的居室不会给天牛成虫造成行动上的不便。

上面所提到的壁垒是天牛幼虫为了排除外界危险而建造的，有两到三层。外面是一层木屑，是挖掘的木材的残存物；里面是一个矿物质的白色凹面封盖。通常情况下，在最内侧还有一层木屑壁垒和前两层连在一起，但并不都是如此。在这多层壁垒的保护下，天牛幼虫便可以为它的变态工作做准备了。从房间壁上锉下一条条木屑，这便是细条纹木质纤维的呢绒。这些呢绒又被天牛幼虫贴回到四周的墙壁上，铺成了一层不足一毫米厚的墙毯。房间四壁就被铺上了优质的双面绒的地毯，这就是质朴的天牛幼虫为柔弱的天牛蛹精心准备的杰作。

让我们再回头看看这个布置中最奇特的部分，那层堵住入口的矿物质封盖。这是一个椭圆形的帽状封盖，白色、坚硬，内部光滑外部有颗粒状突起，有点像橡栗的外壳。这个外部的突起表明，这层封盖是天牛一小口一小口用糊状物筑成的。封盖外部，天牛幼虫不能搬动，触碰不到，凝固成细小的突起；而在内侧，天牛幼虫能够触碰到，被锉得光滑平整。天牛幼虫给我们展示的这个绝妙的标本，奇特的封盖究竟有什么性质呢？它就像石灰石一样坚硬而易碎。它不用加热就可以溶解于硝酸并且释放出气体。溶解的过程很漫长，一小块封盖需要好几个小时才能溶解。溶解之后只留下一些黄色、像有机物一样的絮状物。如果加热，封盖会变黑，证明这其中含有可以凝结矿物质的有机物。如果在其中加入草酸氨，溶液会变得浑浊；然后留下许多白色沉淀。这些现象表明这其中含有碳酸钙。我想从其中找到尿酸氨，因为这是昆虫变态阶段非常常见的物质，但是我并没有发现这种物质。因此这个封盖仅仅由碳酸钙和某种有机凝合剂构成，这种有机物应该是蛋白质，能够使钙体变得坚硬。

如果条件更好些，我可能能够研究出天牛幼虫分泌的这些石灰质物质的器官了。不过我深信天牛幼虫的胃部，这一能乳化的器官能够为天牛幼虫提供钙质。胃从食物中分离出钙质，或者直接得到钙质或尿酸氨的衍生物；当天牛幼虫期结束时，它便将所有的异物从钙中剔除，并且将钙质保留下来直到设置壁垒时使用。这个石料工厂并没有令我惊讶：工厂经过转变之后开始进行各种各样的化学工程。某些芫菁科昆虫，比如西塔利芫菁，通过化学反应在体内产生尿酸氨；飞蝗泥蜂、长泥蜂、土蜂在体内生产茧所需的虫漆。今后的研究也一定会发现器官生产的更多产品。

当逃跑通道修好、房间用绒毯布置完毕、用三层壁垒封起来之后，勤劳的天牛幼虫便完成了它的任务。它将它的挖掘工具放到一边，开始蜕皮，然后进入到蛹期。处于褴褛期的蛹虚弱地躺在柔软的睡垫上，头始终朝向门的方向。从表面上来看这是个无关紧要的细节，但其实这却非常必要。由于幼虫身体很柔软，可以在它狭窄的住所里随意翻转，因此头朝向哪个方向并没有什么区别。然而，天牛成虫却无法享有这样的特权。由于天牛成虫身着坚硬的角质盔甲，它不能将身体从一个方向转到另一个方向；如果通道曲折狭窄它甚至不能弯曲身体。为了使自己不会死在这房间里，它的头必须朝向门的方向。如果幼虫忽略了这一细节，如果蛹的头朝向房间底部，天牛成虫就一定会死掉；它的摇篮就变成了无法逃脱的天牢。

但是无须为这种危险担忧：这节小肠能够如此充分地考虑将来，它不会忽略将头朝向门这一细节的。春末时节，天牛拥有强劲的力量，它希望享受阳光的喜悦、参加光辉的节庆。它想出门了。它面前是什么呢？一些细小的木屑，它可以轻松清除；接下来是一层石灰封盖，它不需要将其打碎；它只需用它的前额轻轻一顶或用足轻轻一拉，这层封盖便会整块松动了，从框框中脱落。实际上，我发现被废弃的封盖都是完好无损的。最后是第二层由一些木屑构成的壁垒，它和第一层一样容易清除。道路现在畅通了，天牛成虫只要沿着宽敞的通道便可以准确无误地爬到出口。如果窗户没有打开，它所需要做的只是咬开一层薄薄的窗帘即可；这是一项简单的工作；现在看到天牛成虫出来了，它那长长的触须由于激动不停颤抖着。

我们从天牛身上学到了什么？从天牛成虫身上我们没有受到任何启发；但天牛幼虫却教会我们很多。天牛幼虫感觉功能这么差，预见能力却如此奇特，令我们深思。它知道未来的天牛成虫不能够自己在橡树中挖掘道路，于是它便冒着危险自己为天牛成虫挖掘道路。它知道天牛成虫由于其坚硬的盔甲将无法翻转身体、找到房间的出口，于是它便关怀备至地将它的头朝向门睡觉。它知道蛹很柔软，于是它便在卧室里布置了木质纤维的呢绒。它知道敌人很可能在漫长的变态期发动进攻，于是它便建造起壁垒来抵御攻击，它便在胃里储存了石灰浆。它能够准确地预见未来，准确来说，它是按照它所预见的进行工作的。那么它的动机从何而来？这当然不是靠感觉的经验。对于外面的世界，它又知道些什么？让我们再来重复一遍，那只是一节小肠所能知道的那么多。这个小生物让我们惊叹不已！我感到遗憾，那些聪明的哲学家只想象出一个能嗅出玫瑰花香的动物，而没有想象出它具有某种本能的形象。我多么希望他能很快认识到：动物，包括人类，除了具有感觉能力以外，还具有某些生理潜能，某些先天而并非后天的灵感。

松毛虫的行进列队

　　商人丹德诺尔的绵羊群跟着被巴汝奇故意扔到大海里的那只羊走，一只接一只冲进了海里。拉伯雷说，这是绵羊的天性，它们总是跟着头羊走，不管头羊走到哪儿。

　　松毛虫，不是由于愚蠢，而是因为需要，比绵羊更加盲从。第一条松毛虫爬到哪儿，其余的松毛虫也整齐地排成一列爬到哪儿，中间毫不间断。

　　它们排列成一行，连绵不断，每条松毛虫都与同伴头尾相接。领头的松毛虫随兴所至地爬行，画出一条复杂交错、蜿蜒曲折的路线，其他的松毛虫也一丝不苟地依样画葫芦。就连希腊宗教仪式时的列队也没有如此整齐。因此啃噬松叶的毛虫得到了"在松树上列队爬行的毛虫"这样的名字。

　　如果说这种松毛虫一生都是走钢丝的演员，那么它的特点就补充完整了。它只在绷得紧紧的绳索上行走，一边前进一边在铺设的丝轨上行走。列队领头的松毛虫一直不停地吐丝，将丝固定在它随意行走的道路上。这条线路特别细，用放大镜也无法看清，只能依稀辨别出来。

第二条松毛虫跟着来到这座纤细的步行桥时，就用它的丝把桥加厚一倍，第三条松毛虫加厚两倍，其他松毛虫也用它们的吐丝器在桥上涂上胶质物。当松毛虫队伍爬过之后，就留下了一道爬行的痕迹——一条狭窄的白色带子。这条带子晶莹的白色在阳光下闪闪发光。松毛虫修筑道路的方法比我们的更加奢侈。它们铺路不用石子，而用丝绸。我们用碎石铺路，用沉重的压路机把路面碾平。而它们则在路上铺设柔软的绸缎轨道。这是一项与大家利害攸关的工程，每条松毛虫都贡献自己的丝。

这样豪华奢侈有什么好处呢？难道松毛虫不能像其他毛虫那样爬行而不使用昂贵的材料吗？我从它们的前进方式发现了两个理由。松毛虫是在夜间去吃松针的，夜色中，它们离开位于枝梢的窝，沿着光秃秃的树枝一直下到下一根没有被啃噬的分枝。随着啃噬者啃光了上层的针叶，下一根分枝的位置就越来越低，松毛虫便爬上了还没有被触碰的小树枝上，分散在绿色的松针丛中。

当它们吃完以后，夜更寒冷了。现在是该回家躲藏起来了。直线测量这段距离，距离并不长，几乎没有一根手臂长，但是它们却也无法跨越。松毛虫不得不从一个十字路口下降到另一个十字路口，从松针下降到小枝杈，从小枝杈下降到大树枝，再从大树枝经过一条不断左弯右拐的小路爬回上面的住所。在这条漫长曲折的路途中，光靠视力来带路是没用的。松毛虫在头的两侧有五个视觉点。但是这些视觉点很小，用放大镜都很难辨认出来，并不能对其视觉有帮助。另外，在没有光的夜晚，一团漆黑时，这种近视的透镜又有什么用呢？

考虑松毛虫的嗅觉也没什么用。松毛虫有嗅觉能力吗？我不知道。我不能对这个问题做出定论，但我至少可以肯定它的嗅觉很迟钝，根本没有办法帮它带路。这在我的实验中，许多饥饿的松毛虫经过一根松树小枝时没有露出任何贪婪和停留的迹象。是触觉告诉它们食物在哪儿。尽管它们饥肠辘辘，只要嘴唇没有触碰过这个牧场，它们就不会停留在那儿。它们不向从远处嗅到的食物爬去，它们只在挡道的小枝上停留下来。

撇开视觉和嗅觉，那剩下什么来引导它们回到窝里？是它们在路上吐丝结成的带子。在克里特岛的迷宫里，特修斯如果丢失了阿里阿德涅给他的那团绳子他就会迷路。松树上那一堆乱七八糟的松针和迷诺斯迷宫一样错综复杂，在夜晚更是如此。松毛虫就借助那一小根丝线在松针丛中爬行而不至于迷路。在回家的时候，每条松毛虫都能轻而易举地找到自己的丝线或邻近的丝线，这些邻近的丝线不同的虫群陈列成扇形。这个分散的部落在那条共同的袋子上集合起来，排成直行。这条带子的起源就是虫窝。这个吃饱了的大队伍循着这条带子肯定会回到自己的窝。

白天，甚至在冬天，当天气晴朗时，松毛虫有时进行远程探险。它们从树上下来，在地上冒险，排队行进三十码。它们外出的目的不是为了觅食，因为出生地的松树还远远没有被吃光，已经被啃噬的小枝在巨大的叶群中几乎算不了什么。而且，松毛虫到了晚上要彻底绝食。这些远足者除了进行卫生保健散步之外，除了朝圣探察周围地区之外，除了也许察看以后隐藏在那里变态的沙地之外，没有别的目的。

当然，在这些大规模的移动中，起引导作用的小带子也没有被忽略。它比任何时候都更被需要。所有的松毛虫都用它们吐丝器的产品为此尽力。每次前进谁也不会前进一步而不将嘴唇上的丝线固定在路上，这成了一条恒定不变的规律。

如果行进的队伍相当长，带子就会变得足够宽大，容易寻找。然而，在回家途中，它并不是不费周折就能找到的。我们发现，行进过程中的松毛虫从来不完全转过身子，它们从来没有在这条绷紧的细带上大转弯。为了回到原来那条老路，它们不得不像画一条鞋带那样前进。弯曲程度和长短都是由领头的首领随意决定。首领在摸索中前进，行动是飘忽不定的，导致有时虫群不得不风餐露宿。不过没关系。松毛虫蜷成团聚在一起，一动不动。第二天再重新探路，早晚都是会成功的。经常是这条弯弯曲曲的带子一下子碰到了引路的带子。一旦轨道在第一条松毛虫的脚下，它们就不再犹豫了，迈着急促的步伐向虫窝前进。

用于铺设道路的丝的第二个用途是明显的。为了免受严冬劳动时会遇到的寒冷的袭击，松毛虫为自己建造一个隐蔽所，它将在那儿度过天气恶劣的时刻和不得不停工休息的日子。这时的松毛虫很孤单，丝管里只有微薄的资源，它艰难地在遭受暴风吹打的松树枝梢上保护自己。建造一个结实的、能够抵御大风大雪和冰雾袭击的牢固住所需要成千上万条松毛虫的合作。于是大家将个人微不足道的力量结合起来修建了宽敞结实的建筑。

这个工程需要很长时间才能完成。每天晚上，天气允许时，工程必须加固、扩大。因此当暴风雨天气持续、松毛虫的身体处于毛虫状态期时，劳动者的行会必须存在，不得解散。但是，如果没有特殊安排，每次夜间考察都会导致这个行会解体。在这个填饱肚子的欲念产生的时候，个人主义就会抬头。松毛虫在或大或小的程度上分散开，在周围的枝杈上离群索居。每条松毛虫都分开单独吃它的松针。那以后它们怎样重新聚集、重新变为群体呢？

每条松毛虫留在路上的丝线就使这个变得容易了。有了丝线的引导，任何松毛虫不管住的多远，都能够回到同伴那里去而不会迷路。它们从一簇细枝，从这儿，从那儿，从上面，从下面匆忙赶来。于是分散的队伍很快又重新集合起来。丝线比道路更好。它们是群体的纽带，是维持共同体成员紧密结合不可分割的网。

在每个松毛虫的前面，都有一条领头的松毛虫，不管队伍或长或短。我称它们为列队的首领，尽管首领这个词用在这里不是很得体，但是我想不出更好的词。的确，没有任何事物能够把这条松毛虫和其他松毛虫区别开来。它碰巧排在队伍的最前面，仅此而已。在这些松毛虫中间，每一个首领都是临时指挥官，现任总指挥。因为如果发生什么意外，队伍拆散，然后按不同的次序重新组合，它就又变成了其他虫子。

松毛虫的临时职务使它摆出一副特殊姿态。当其他的松毛虫排得整整齐齐顺从地跟着它时，这个首领会突然摇摇摆摆、动来动去，把身体前部一会儿伸向这儿，一会儿伸向那儿。在行进时，它似乎在探路。它真的在探测地形吗？它是在选择最利于通行的地点吗？或者它犹豫不决仅仅因为它们还没有走过的地方缺少一根引导的丝线吗？它的下级非常平静地跟着它，脚爪间的细带子使它们非常安心。但是这位首领却没有这种支持，很不安。

从那黑色发亮、像一滴柏油那样的脑袋下发生的事，我为什么不能看出些什么呢？从行动来看，它的确有那么一点洞察力，能够在经过实验后，辨认出过分粗糙不平的地方、过分滑溜的地面、没有耐受力的粉状地点，特别是别的远足者留下的丝线。我和松毛虫的接触交往中它们告诉我这就是它们心智的全部，或者说几乎是全部。真是可怜的脑袋，真是可怜的虫子！保护它们团体安全的就是一根丝线！

行进的列队长短不一。我看见在地上操演最美的行列长十二三码，有将近三百只松毛虫。这些松毛虫排列得整整齐齐，像条波浪形的带子。哪怕只有两个列队，也是秩序井然。第二个列队紧跟着第一个列队。

二月，我的暖房里有各种长度的列队。我可以给它们设下什么陷阱呢？我只想到两个：取消首领和砍断丝线。

取消列队的首领并没有任何惹人注意的变化。如果这没有引起任何骚乱，行进列队就丝毫没有改变。第二条松毛虫一旦成为首领，立即知道了它的职责。它选择，它领导。更确切地说，它是犹豫不决，它是摸索试探。

丝带断了也无关紧要。我把列队中央的一条松毛虫取走。为了不引起列队的骚动，我用剪刀截去这条松毛虫占据的那一截丝带，并且抹除它剩下的最后一点儿丝线。截断以后，行进列队有了两个独立的首领。后面那个行列可能会和前面那个行列会合，它同前面列队的间距很短。如果这样，事情就恢复了原状。更加经常出现的情况是，这两个部分不再合二为一。这种情况下，就出现了两个不同的行进列队，每个列队都随心所欲的游逛，越走越远。但是不管怎样，两个列队的松毛虫迟早都会在截断处找到引路带子，回到虫窝。

这两个实验很普通，没有多大意思。我想到了另外一个很有概括意义的实验。我打算在破坏这条可能改变道路方向的丝带之后，让松毛虫画个封闭的圆圈。只要没有将火车头引向另一个分岔的扳道岔，火车头会按照既定的线路前进。松毛虫总觉得前面的丝质轨道上没有阻碍，没有一处有扳道岔。它们会继续沿着同样的轨道前进吗？它们将坚持走一条永远不会到达目的地的路吗？我们需要做的是用人工的方法制造这个圆圈，这个在普通条件下没有的圆圈。

第一个想法是用镊子把火车尾部的丝带夹住，不要抖动，让它弯曲，然后将尾部放在行进列队的头部。如果充当开路先锋的松毛虫加入了这个列队，事情就办成了。其他松毛虫就会忠实地跟随着它。这个实验在理论上很简单，但实际操作却很难，不会有什么有价值的成果。这根丝带非常纤细，会在它稍微带起的一些粘住的沙粒的重压下断裂。即使不断裂，无论我们多么小心，后面的松毛虫也会感到骚乱，它们会蜷成一团，甚至舍弃丝带。

还有一个更大的困难时，松毛虫行进列队的首领拒绝接受放在它前面的带子。带子被截断的一端使它很怀疑。它无法辨认出原来那条没有断裂的路，于是它一会儿朝着偏右的方向、一会儿朝着偏左的方向前进。它巧妙地溜开了。如果我试图干预，把它带回我选择的道路上，它就会拼命拒绝，蜷成一团，一动不动。很快列队就会陷入混乱。我们不要坚持下去了。这个方法不好，非常费劲，而且能否成功还值得怀疑。

我们应当尽量少干预，并且设法得到一个自然的封闭圆圈。这能做到吗？是的，能。我们没有进行任何干预，就看到了一个列队沿着一条完美的环形跑道行进。这个结果值得我们高度注意，我认为这是偶然条件所致。

在我的砂土层坡道上，有几只盆口圆周为一点五码的大花盆，种着棕榈树。松毛虫经常攀爬花盆的盆壁，并且一直攀爬到盆口突出的盆沿上。这个场所非常适合它们行进。可能因为盆沿十分稳固，不必担心在松软多沙的地上有成堆的泥沙崩塌物；也可能因为有个在攀爬疲劳后有利于休息的水平位置。环形跑道是现成的，需要我做的只有等待实现计划的合适时机的到来。这个时机即将到来。

一八九六年，一月三十日，快要到中午十二点时，我突然看到一大队松毛虫在列队行进，按部就班地向花盆盆沿爬去。它们排成一列慢慢地爬向巨大的花盆。它们到达花盆盆沿后，排列整齐地列队前进。这时另外一些松毛虫也陆续地到来，把列队拉长。我等待松毛虫编织的这条带子再度闭合，也就是说等待那个始终沿着环形软垫行走的首领回到它开始的起点。环形跑道在一刻钟内铺成了。这条闭合的环形跑道画得多出色啊，很接近圆圈。

下一步就是除去攀升纵队的其余成员。过多的新成员会扰乱列队良好的秩序。清除所有丝质的羊肠小道，不管是新的还是旧的，也一样重要。因为它们可能把花盆盆沿和地面连接起来。我用一支大画笔把多余的松毛虫扫掉，再用一把大刷子细心擦抹花盆盆壁，使松毛虫在行进道路上铺设的丝线全部去除，不要留下任何气味，这可能会造成混乱。当一切准备就绪时，一个奇怪的景象在等着我们。

在这个连续不断的环形列队中就不再有首领了。每条松毛虫的前面都有另外一条，在丝线的痕迹的引导下，紧紧地跟着前面的同伴。这个痕迹是大家集体劳动的成果。每条松毛虫后面也都有另一条松毛虫紧紧跟随着。这个现象在整条链条上一成不变地重复着。没有一条松毛虫指挥，没有一条松毛虫凭自己的喜好改变跑道路线。大家都绝对服从、绝对相信原本应该为它们引路，而实际上被我的妙计取消了的向导。

松毛虫在花盆盆沿上铺设丝质轨道，这条轨道很快就在不断吐丝的行进列中转变成一条狭窄的带子。这条轨道最后回到起点，没有任何分支，因为分支都被我用刷子破坏掉了。在这条骗人的封闭的羊肠小道上，这些松毛虫会做什么呢？它们会一直转圈闲逛、直到筋疲力尽吗？

古老的烦琐哲学家喜爱引用布里丹的驴子。这头有名的毛驴置身于两份干草之间饿死了。因为这两份干草重量相同、方向相反，它不知道选择该吃哪个。这头驴受到了诽谤中伤。它并不比其他驴子愚蠢，本应该大吃特吃这两份干草来回答理论的陷阱。那我的松毛虫会聪明一点吗？经过许多尝试后它们能够冲破让它们始终陷在其中而找不到出路的封闭环形跑道吗？它们会决定从这边改变方向或从那边改变方向吗？什么才是得到那份干草的唯一方法？干草就在那儿，在只有一步之遥的绿枝上。

我认为会这样，但是我错了。我对自己说："过些时候，一小时，可能两小时，行进列队将会转弯；然后松毛虫将会意识到它们走错了路。它们将会抛弃这条错误的道路，在某个地方下降。"

当什么也无法阻碍它们离开的时候，它们会留在那里，饱受饥饿，任凭风吹雨打，在我看来这是不可思议的愚蠢行为。但是，事实却使我不得不接受这个不可思议的事实。让我们详细谈谈吧。

一月三十日，大约中午时分，风和日丽，松毛虫列队开始环形行进。它们步伐整齐，步步紧跟着前面的那条松毛虫。这条连续不断的链条排除了变换方向的首领，所有松毛虫都机械地前进，就像指针忠于钟面的圆周一样。没有首领的列队不再有自由、不再有意志。它仅仅变成了机器的齿轮。这种情况持续了几个小时，又持续了几个小时。成功大大超出了我大胆的怀疑。我大为吃惊，更准确地说，我惊呆了。

同时，重复的环形行进使最初的轨道变成了一条两毫米宽的漂亮带子。我很容易看到这条带子在花盆的红色底色上闪耀。这一天快结束了，跑道的位置没有任何变化。一个令人惊讶的证据证实了这一点。

轨道并不是一条平坦的曲线，而是一条歪斜起伏的曲线。这条曲线在某个点上弯曲，并且在略微下降到花盆盆沿背面后，又在不远处折回。从一开始，我就用铅笔把这两个弯曲点标注在花盆上。而且，整个下午以及接下来的几天，直到这场疯狂的舞蹈结束，我看到松毛虫的细带子在第一个弯曲点下降到盆沿北面，在第二个弯曲点又上升到盆沿上。一旦第一条丝线铺好，要行进的路就不可变更地决定了。

虽然道路不变，但速度却不是如此。我测量了它们走过的路程，计算出它们平均每分钟走九厘米。不过它们或多或少会有休息，有时速度会放慢，特别是温度降低时会更慢。到了晚上十点，它们开始懒散地摇摆身体往前进。由于寒冷、疲劳，毫无疑问也由于饥饿，可以预见它们会再次停下来休息。

就餐时间到了。松毛虫成群结队地从暖房的窝里出来吃我种在丝囊旁边的松树枝杈。因为天气暖和，荒石园里的松毛虫也出来了。排列在花盆盆沿上的那些松毛虫也会乐意聚餐的。它们走了十个小时肯定会食欲旺盛。松枝苍翠欲滴，要到这一大片绿油油的牧场只要下降就行了。但是这些可怜的松毛虫却不这么做。它们对那根带子唯命是从。十点半，我离开了那些饥肠辘辘的虫子，并相信它们会彻夜思考后，明天就会回到原来的轨道上了。

我错了。我以为它们苦受煎熬的胃能够使它们茅塞顿开，我太过相信它们了。一大早我就去看望它们。它们还像昨晚那样排列着，但是一动不动。当天气稍微暖和些，它们摆脱了麻木的状态，复苏了，又重新走动起来。像我昨天看到的那样，环形列队又重新开始行进了。它们像机器一样顽固死板，不多做一分，不少做一分。

那天夜里十分严寒，寒气忽然降临。荒石园里的松毛虫晚上预先作了预报。尽管根据表面现象，我迟钝的感觉好天气会延续，但是这些松毛虫拒绝出来。拂晓时分，种着迷迭香的小路上白霜闪亮。这是今年第二次霜冻，荒石园的大池塘全部结冰了。暖房里的松毛虫会做些什么呢？让我们去看看吧。

它们全都呆在窝里，除了花盆盆沿上顽固的松毛虫。这些松毛虫没有隐藏处，似乎度过了一个非常糟糕的夜晚。我发现它乱七八糟地聚集成两堆。这样聚在一起互相挨紧可以少受些寒冷。

世上没有绝对的坏事。夜晚的严寒把松毛虫组成的环状群体冻成两端，这可能会出现获救的机会。对每个复活了并且重新开始行进的松毛虫群来说它们不久就会找到首领。这个首领不需要跟着前面的松毛虫，它将会有些自由，并且可能使列队改变方向。让我们回想一下，在惯常的行进列队中，领头的松毛虫履行着侦察兵的职责。如果没有骚动，其他松毛虫就始终保持在列队里。领头的松毛虫致力于首领的职责不断地朝着一个方向或另一个方向掉头，探测情况，寻找，探测，做出选择。这一切都由它决定，松毛虫群也都忠实地跟着它。即使是在已经走过并且装饰着带子的路上，领头的松毛虫也继续探索。

可以相信，在花盆盆沿上迷路的松毛虫会有机会获救。让我们来监视它们吧。这两群松毛虫从麻木状态恢复后渐渐排成两个不同的行列。这样就有了两个首领，可以自由行动，互相独立。它们会成功离开这着魔的圆圈吗？从它们摇摇晃晃、惴惴不安的黑色大脑袋来看，一段时间内我认为会这样。但是很快我就醒悟了。这根链条的两段会重新会合起来扩大原来的列队，圆圈会重新恢复。短暂的首领立刻变成普通的下级，松毛虫列队又整天转着圈行进。

接连的第二个夜晚，万籁俱寂，满天星斗，但仍十分严寒。早晨，花盆上的松毛虫——这群唯一没有遮蔽的松毛虫聚集成堆，向至关重要的带子的两边大量漫涌。我看见这些冻僵的松毛虫苏醒过来了。幸运的是，领头的松毛虫已经开辟了新的道路。它在这未知的地方冒险，犹豫不决。它到了花盆盆沿的边缘下降到花盆的泥土里。另外有六只松毛虫紧跟着它。不再有别的追随者，也许这支队伍的其他成员还没有从夜间的麻木状态中恢复，懒得行动。

由于这个小小的延迟，行进列队恢复到了正常状态。松毛虫在丝线上行走，圆形行进列队变成了有缺口的圆环。虽然有这个缺口，可领头的向导并没有作任何新的尝试。这是一个最后走出这个魔圈的机会，但它却不知道如何利用。

那些已经爬进花盆的松毛虫，它们的命运也并没有怎么改善。它们爬上棕榈树顶，饥肠辘辘地寻找食物。它们找不到适合它们的食物，于是循着在路上留下的丝线返回，爬到花盆的边缘，又找到行进列队，插到里面，不再惴惴不安。圆环又完整了，圆圈又开始转动了。

那它们什么时候会得到解脱呢？有这么个传说，一些可怜的灵魂被卷入了一场无穷无尽的巡逻，直到一滴圣水解除了地狱的魔法。好运会将一滴什么样的水洒到松毛虫身上来解除它们的魔圈，把它们带回虫窝呢？我只看到两个驱散魔法和从圈子里解脱出来的方法。这两个方法都是艰苦的严峻的考验。痛苦和灾难会带来好运，这是多么奇怪的因果关系。

首先是寒冷引起蜷缩。这时的松毛虫乱七八糟地聚在一起。一些堆在路中，更多的堆在路旁。后者当中或许迟早会出现某个革命者。它不屑走老路，将开辟一条新路然后把整个队伍带回虫窝。我刚才看到了一个例子。七条松毛虫进入到花盆内部，攀爬棕榈树。的确，这是一个没有结果的尝试，但毕竟也是个尝试。要完全成功，只需要走对面的斜坡即可。两次中能有一次好运就够了，下一次成功的可能性会更大。

其次是走路走得疲劳不堪、饥肠辘辘。一只受伤的松毛虫停了下来、没法走远了。在这条支持不住的松毛虫面前，行进列队仍短时间内继续行进。队伍出现了空隙。造成队伍断裂的那条松毛虫苏醒过来回到了队伍，并成为了首领，它的前面什么也没有。它只需要一点儿要求解放的希望，就可以带领队伍走上一条或许能解救它们的新的道路。

总之，当松毛虫处于危难的队伍摆脱困境，它需要做的是与现在的做法背道而驰、越出轨道。这个行动取决于行进列队首领的任性。只要它能够向右或向左。只要这个圆环不断裂，就绝对不会有首领。最后，圆环断裂了，这独一无二的好机会是由于混乱导致停顿的结果，而这停顿的主要原因是过度疲劳或者过度寒冷。

使松毛虫获得解放的意外事故，特别是由于疲劳产生的事故，经常发生。在同一天，移动的圆环多次分成两到三节，但是圆环很快又恢复，事态没有任何变化。将松毛虫从困境中解救出来的勇敢的革新者还没有受到启发。

像前几个夜晚一样，第三个夜晚也非常寒冷，第四天也没发生什么新鲜事，除了下面的这个细节。昨天我没有擦掉那几条松毛虫进入花盆时留下的痕迹。这些痕迹在环形路上有个结合点。上午松毛虫找到了这些足迹。有一半松毛虫循着这些足迹爬到花盆的泥土里、攀爬到棕榈树上；另一半则留在花盆盆沿上继续沿着老轨道爬行。下午迁移的队伍重新与松毛虫会合，圆环完整了，一切又恢复原样。

第五天，夜晚更加寒冷，但这些松毛虫仍然没有进入暖房。严寒之后，宁静而清澈的天空中出现了美丽的太阳。一旦太阳光把暖房照得温暖一些，聚集成堆的松毛虫就苏醒过来，继续沿着花盆盆沿活动。这一次，开始时整齐的列队被打扰，变得混乱起来。这显然是即将到来的解放的先兆。昨天和前天探路的松毛虫在花盆里铺满了虫丝，今天一部分虫群循着它、从它的源头走起。这些虫子走了一小段之后，这条路被抛弃了。其余的松毛虫则循着往常的带子走。从这个分叉起产生了两个差不多相同的列队，在花盆盆沿上朝一个方向行进，彼此之间距离很近，时合时分，始终有些混乱。

疲乏加剧了混乱。拒绝前进的受伤的松毛虫数目增多，断裂现象也增多。列队被分为好几段，每一段都有自己的首领。这些首领探出身体前部以便探测地形。一切都似乎预示着要使虫群解体来解救松毛虫，但我立刻又失望了。黑暗来临之前，所有的松毛虫又变成一个列队，无法遏止的旋转又恢复了。

炎热和寒冷一样到得十分突然。今天是二月四日，是个美丽温和的日子。暖房里都是小生命。大批松毛虫形成许多花环似的图形，走出虫窝，在坡道的沙土上闲逛。在那上面，在花盆盆沿上，松毛虫的圆环不时地断裂成几段，然后又结合起来。我第一次看见一些胆大的首领，仅靠后腹足站在砖砌的盆沿的边上，炎热使它们极度兴奋，它们身体腾空、扭来扭去来探测深度。这个尝试随着队伍的停留多次重复。它们的头突然晃动，身体也随之扭动。

一个革新者决定冒险尝试。它钻到花盆盆沿背下面，有四条松毛虫跟随着它。其他的松毛虫则始终相信那个骗人的丝轨，不敢模仿大胆的革新者，继续循着老路前进。

从总链条分离出来的这个短链子努力摸索，在花盆盆壁上犹疑不决。它们下降到盆壁的一半处，又倾斜地往上爬，重新加入列队。虽然在花盆下面，不足九英寸的地方，我为了诱惑这些饥肠辘辘的松毛虫放置了一束松枝，但还是失败了。嗅觉和视觉没有告知它们任何信息。它们虽然已经接近目标，但还是爬上去了。

不要紧，实验不会没有用。一些丝线铺在路上，这将成为以后计划的诱饵。解救松毛虫之路有了第一块里程碑。两天后，即试验的第八天，花盆上的松毛虫时而分离，时而结成小群，时而形成长串，循着标着里程的小路，从花盆盆沿上下来。夕阳西下时，最后的松毛虫也回到了虫窝。

现在让我们稍微计算一下。松毛虫呆在花盆盆沿上的时间为七乘二十四小时。由于某条松毛虫疲劳的停顿、特别是由于在夜间最冷的时刻的休息，让我们从宽计算，扣除一半的时间，剩下八十四小时的行进时间。松毛虫平均每分钟走九厘米，则合计总行程为四百五十三米，差不多半公里。对于这些爬行者来说，这是个十分惬意的散步。花盆的圆周，即跑道的周长，正好是一米三五。那么松毛虫在这个始终朝向一个方向、没有结果的圆圈里走了三百三十五次。

这些数字让我很吃惊，尽管我已经知道哪怕稍微发生一点意外昆虫也会表现得极其愚蠢。我想，这些松毛虫因为下降时遇到的困难和危险而被阻留的时间是否比因为思想愚昧、不开窍而被阻留的时间长。然而，事实表明，下降和上升一样容易。

松毛虫有非常灵活的脊梁骨，善于绕过物体的突出部分，善于从下面钻过去。它可以循着垂直线或水平线、背朝下或朝上轻松行走。另外，它把丝线固定在地上后才前进。脚下有这样一个支撑物，无论身体处于什么位置，它都不必担心跌落。

这一周中我就得到了这个证明。我再说一遍：跑道并不在同一个平面上，而是两次起伏弯曲，在花盆盆沿的某个地方突然下降，然后又在稍远的地方折回。因此，在圆环的一段，松毛虫的行进列队沿着盆沿的背面行走。这种倒转的姿势不舒服，而且有危险，所有松毛虫在每一圈都要从头到尾重复一遍。

在花盆盆沿会害怕失脚踏空，这不能成为理由，在每个拐弯的地方，松毛虫都灵巧地绕过了。苦难不堪、饥肠辘辘、没有隐蔽处、夜里冻僵的松毛虫顽强地坚持在走过上百次的丝带上，因为它们缺乏劝它们离开这条丝带的基本的理性之光。

经验和思考与它们无缘。长达五百码和三四百圈行程的严峻考验并没有教给它们什么。它们需要偶然的环境带领它们回到虫窝。如果没有夜间露营时的混乱，如果没有因极度疲劳而停顿引起的混乱，如果不把几根丝线扔到环形轨道外，它们就会死在那狡猾的丝带上。在这漫无目的放置的轨道上，爬来了三四只松毛虫。它们迷路了，它们慢慢闲逛准备下降，最后由于一连串偶然的短暂帮助，它们完成了下降。

今天，被高度赞扬的学派渴望找到动物王国的理性的起源，我向你们推荐列队行进的松毛虫。

萤火虫

在我们这个地方，很少有昆虫像萤火虫这样众人皆知的昆虫，这个神奇的小动物为了表达生活的欢愉，在屁股上挂了个小灯笼。有谁不知道这个小家伙呢，至少也听说过它的名字。谁没有见过它像从一轮圆月上落下的一粒火星，在青草中漫游？古代希腊人称之为"郎皮里斯"，意思是"屁股上挂灯笼者"。科学中使用了相同的词：将这个灯笼携带者称之为夜里发光的"郎皮里斯"。在这里，这个普通的名字不等同于学术用语，后者一旦译出来就很有表现力和准确性。

事实上，我们对"蠕虫"这个词很挑剔。萤火虫并不是蠕虫，即使从外表上也不能这么说。它有六只短短的脚，而且非常清楚怎么使用它们，它是用碎步小跑的昆虫。成虫时期的雄虫会像真正的甲虫一样长着鞘翅。雌虫享受不到飞行的快乐，终身保持着幼虫的形态。不过雄虫在没有交尾的成熟期前形态也是不完全的。即便在最初阶段，"蠕虫"这个词也是不恰当的。法语中有句俗语叫做"像蠕虫一样一丝不挂"，是指身上没有穿任何保护的东西。但是萤火虫是穿着衣服的，就是说它有略微坚韧的外皮，而且还色彩丰富，身体全是深棕色，胸部呈粉红色，特别是在下表面。最后每个节片的边缘上清晰地点缀着两粒红色的小斑点。蠕虫是没有这样的衣服的。

让我们不要管这个不贴切的名称吧，让我们问问自己萤火虫究竟吃什么。一位美食家布里阿特·萨伐仑说："告诉我你吃什么，我就能知道你是什么样的人。"

对于我们要研究的任何昆虫，我们都可以先提出同样的问题，因为动物界从最小的到最大的动物，它们的胃是主宰一切的。食物支配着生活中的一切。好吧，且不看萤火虫无辜的外表，它是个食肉动物，是个获取猎物的猎人，而且它的手段相当恶毒。它的猎物通常是蜗牛。

这一点昆虫学家早就知道了，但我从阅读中发现，人们了解的还不是很多，甚至还根本不了解，这种奇怪的进攻方法我在其他地方还从未见过。

萤火虫在吃猎物之前，先使猎物麻醉，就像人类现代的外科手术那样，在动手术之前使病人没有知觉。萤火虫的猎物通常都是没有樱桃大的小蜗牛，比如变形蜗牛。炎热的天气里，这些蜗牛成群聚集在稻麦的秸秆上或者其他路边植物干枯的长茎上。整个炎热的夏天它们一直一动不动地在深思。正是在这样的情况下我能够多次看到萤火虫使猎物在颤动的茎秆上无法动弹，然后饱餐一顿。

它也熟悉其他的贮藏地。它经常去沟渠边，那里土地潮湿，杂草丛生，是蜗牛喜爱的地方。这时萤火虫就把猎物放在地上。我在家里可以很容易地饲养萤火虫，来观察这个外科大夫详细的操作情况。

现在我想让读者也看一下这个奇怪的场景。我在一个大的玻璃瓶里放了一点草，几只萤火虫和一些大小合适的蜗牛，主要是变形蜗牛，既不太大也不太小。我们现在需要耐心等待，要认真地监视，因为我们想看到的场景会突如其来地发生，而且时间很短。

我们终于看到了。萤火虫稍微观察了一下猎物，蜗牛通常除了外膜的软肉露出一点儿外，全身都藏在壳里。这时捕猎者便打开工具，它的工具很简单，可要借助放大镜才能看清。这是两片变成钩状的颚，非常锋利，像头发一样细。从显微镜里可以看到，弯钩上有一道细细的槽。这便是它的工具了。

萤火虫用它的工具轻轻敲打蜗牛的外膜。这一切是如此温和，好像是接吻还不是螯咬。就像小孩子互相戏弄，用指头互相轻捏，我们以前把这个称之为"扭"，因为像是在挠痒而不是用力掐。让我们就用"扭"这个词吧。在与昆虫交谈时，语言保持童真是没有关系的。这是使头脑简单者相互了解的好方法。

萤火虫在扭着蜗牛。它扭得有条不紊，不慌不忙，每扭一次都要休息一下，似乎是想确认一下扭的效果。扭的次数不多，要制服猎物让它无力动弹，最多扭六次就够了。在吃蜗牛时，可能还要用弯钩来啄，但是我也不确定，因为后面的情况我还没看到。但是只要最初扭几下，无需太多下，就足以使蜗牛失去生气、没有知觉了。萤火虫的方法很快，几乎可以说是如闪电一般，毫无疑问，它利用带槽的弯钩将毒汁传到了蜗牛身上。

下面就是扭了几下之后的快速效果，虽然这些螯咬看上去如此温和：萤火虫扭了蜗牛四五下后，我把蜗牛从萤火虫口中拿走。我用一根细针刺蜗牛的前部，即缩在壳里的蜗牛露出来的部分身体。刺伤的肉没有颤动，它对针戳的行为没有任何反应，就像是一具没有生气的尸体。

还有更令人信服的例子：我偶然看到一些蜗牛正在爬行，脚慢慢地蠕动着，触须完全伸出，这时它们受到了萤火虫的进攻。蜗牛乱动了几下，露出不安的情绪，然后一切都停止了：脚不再缓慢爬行了，身体的前部也失去了像天鹅脖子一样优雅的曲线，触角变得毫无生气，弯曲得就像断掉的手杖。这种姿势一直保持着。

蜗牛真的死了吗？并不是，我可以使表面上死了的蜗牛复活。在这两天半死不活的状态之后，我将病人隔离开来，给它洗一次澡。虽然这对于实验的成功并不是必需的。大约两天后，被萤火虫弄伤的蜗牛恢复了正常。它在一定程度上可以说是复活了，它恢复了动作和知觉。如果用针刺它，它有感觉；它能够蠕动、爬行、伸出触角，就像不愉快的事情并没有发生过一样。全身麻醉的昏昏沉沉都彻彻底底地消失了，它死而复生了。这种暂时不能活动、不能感觉痛苦的状态叫做什么？我想只有一个名称可能合适：麻醉状态。许多肉食动物吃虽然没有死但却无法动弹的猎物。这使我们了解了昆虫令猎物全身瘫痪的神奇技术，它用毒汁麻痹猎物的运动神经中枢。这些其貌不扬的小昆虫能够全身麻醉它的病人。而在我们人类科学实践中还没有发明这种技术，这是现代外科手术的奇迹之一。更早之前，在远古时代，萤火虫和其他昆虫显然已经了解这个技术了。昆虫的知识比我们早很多，只是方法不同而已。我们的外科医生让病人吸入乙醚或者氯仿，昆虫通过颚的弯钩注射一种微量的特殊毒汁。人类有朝一日会不会利用这种知识呢？如果我们更好地了解动物的秘密，那我将来们会有多少辉煌的发现啊！

对于蜗牛这样一个无害而且非常和平、从不主动与别人发生争吵的对手，萤火虫的这种麻醉才能有什么用呢？我想我大概知道。阿尔及利亚有一种叫做德里尔虫的昆虫，它虽然不发光，但在身体结构，特别是在习性方面和萤火虫很接近。它也以陆生软体动物为食。它的猎物是一种有着漂亮螺旋壳的圆口类动物。一块结实的肌肉把一只石质封盖紧紧地固定在这个动物身上。这是一扇活动的门，居住者只要一退回屋子，门就快速关上了。当这位隐居者外出时，门很容易打开。有了这样的开关系统，这个住所变得不可侵犯，而德里尔虫知道这一点。

德里尔虫被黏附器固定在蜗牛壳的表面，萤火虫会让我们看到它的等同物。它窥探着，等待着，必要时需要整天这样做。最后出于对空气和食物的需求围在甲壳里的虫子不得不露出身子，至少门微微半开，这就够了。德里尔虫立刻赶到，厮打一番。门不再关上了，这个进攻者将堡垒据为己有。有人认为用一把大剪刀首先把封盖上的运动肌肉切开，但是应该打消这样的想法。德里尔虫的双颚所装备的工具还不足以立刻磨掉一块大肌肉。必须一接触操作就立刻成功，否则受攻击者便会缩回甲壳里，仍然充满活力，这样一来包围就要重新开始，和之前一样困难，使德里尔虫无限期挨饿。我虽然没有见到过德里尔虫，这在我们这个地方没有，但我推测它的进攻方法和萤火虫相同。这只阿尔及利亚虫子不比我们吃蜗牛的虫子把猎物的肉切得更碎：猎物开始变得迟钝，只需将盖壳稍微打开一会儿，稍微扭动它几下使它麻醉。这就够了。于是进攻者钻进甲壳里，安安静静地吃掉了一只不能用肌肉进行一点儿反抗的猎物。这是我利用一点点逻辑推理进行的判断。

现在让我们回到萤火虫身上来吧。如果蜗牛在地上爬行，甚至缩进壳里，对它进攻是毫不困难的。蜗牛的壳没有盖子，身体前部的大部分都露在外面。由于对危险的恐惧，外膜的软肉缩紧了。这种情况下蜗牛无法自卫，容易受到攻击。但是经常有这样的情况，蜗牛呆在高处，贴在稻草秆上或是一块光滑的石头上。这种支撑成了它的临时盖壳，能够抵挡任何企图骚扰壳内居民的坏人的进攻；不过有个条件，那就是围墙四处任何地方都没有裂缝。但是经常出现这样的情况，蜗牛壳和支撑物之间没有贴紧，留下了哪怕是一点点大的裸露处，这就足够萤火虫用它灵巧的工具蛰咬蜗牛，使蜗牛陷入沉睡，而萤火虫自己安静地饱餐一顿。

萤火虫饱餐的过程总是十分谨慎。进攻者必须小心翼翼地对猎物进行加工，不要引起它的挣扎，正在高茎上熟睡的蜗牛稍有挣扎就会从高茎上掉落下来。任何猎物掉到地上就彻底完了，因为萤火虫不会热情地去寻找猎物，它只是利用好运得到东西而不肯辛勤寻找。因此在高茎上它必须保持平衡，攻击时要尽可能地轻轻蛰咬；它必须非常谨慎小心，使蜗牛毫无痛苦，不产生任何肌肉的反应，免得它从高处掉下。由此可见，突然的深度麻醉是萤火虫达到目的、安静地捕食猎物的最好方法。

萤火虫是怎样吃猎物的呢？是真的吃吗？也就是说，它把蜗牛分成一块一块的、切成细片，然后加以咀嚼吗？我不这么认为。我从来没有见过我的俘虏的嘴巴上有任何固体食物的痕迹。严格意义上来说，萤火虫并不是吃，而是喝。它采取蛆虫那样的办法，把猎物变成稀粥来喝。它就像苍蝇的食肉幼虫一样，在吃之前先把猎物变成可消化的流质。

整个过程是这样的：不管蜗牛有多大，哪怕像陆地大蜗牛一样，总是由一只萤火虫去将它扭得没有知觉。不一会儿，客人们都赶来了，两只，三只，然后更多，它们和真正的拥有者没有争吵地欢宴一堂。让它们饱餐两天后，我把蜗牛壳翻转过来，蜗牛壳孔朝下。里面的东西就像被翻转的锅里的汤一样流了出来。那些客人吃饱离开了，只剩下这一点残渣。

事情很明显。就像我们开始说的"扭"一样，经过一再轻轻地螯咬，每个客人都用某种专门的消化素来加工，蜗牛肉变成了肉粥，大家各吃各的，尽情享用。因此，萤火虫嘴里的那两个弯钩除了用了叮蜗牛注射麻醉毒汁以外，无疑还可以将蜗牛肉变成流质。这两个小工具要用放大镜才能看到，它们似乎还有其他作用。它们是凹形的，就像蚁蛉嘴上的弯钩一样，用来吮吸喝光猎物，而不用将猎物切成碎片。不过两者有个很大的区别，蚁蛉留下了大量的残渣，并把它们扔到挖在沙地上漏斗状的陷阱外面，而萤火虫这个液化专家，却吃得一点儿也不剩，或者说几乎一点儿也不剩。它们使用了类似的工具，一个只吮吸猎物的血，另一个则先将猎物进行液化处理，然后将猎物吃光。

有时蜗牛所处的平衡状态非常不稳固，可萤火虫却做得非常精细。我的玻璃瓶给我提供了大量的例子。被关在容器里的蜗牛爬到用玻璃片盖住的瓶口，用一点点黏液把自己黏在玻璃上。这只能让它暂时停留，只要轻微地一动，壳就会从玻璃上掉到瓶底。

萤火虫经常借助攀升器官来补充腿力的不足，攀爬到高处。它选择它的猎物，一番观察之后找到一个缝隙，便轻轻一咬，使猎物失去知觉，然后立刻变成肉粥，这将会是它几天的食物。

萤火虫吃完后离开了，壳便完全空了，而且仅仅涂了一点点黏液固定在玻璃上的壳并没有掉下来，甚至位置也一点儿都没动。蜗牛在变成肉汤的过程中丝毫没有反抗，在它受到第一记进攻的地方被吮吸干。这个小细节告诉我们，具有麻醉作用的螯咬是多么敏捷迅速，没有让蜗牛从光滑垂直的玻璃上掉下来，甚至在非常不牢的黏着线上也一点儿都不晃动。

在这样的平衡条件下，光靠萤火虫那又短又笨的脚是明显不够的，还需要有种特殊的工具。那个工具不怕光滑，能攀住无法抓着的东西。它确实有这样的工具。在萤火虫的后腿末端有个白点，在放大镜下可以看到上面有大约十二个短短的肉刺，有时聚成一团，有时像玫瑰花瓣似的张开。这是黏附和移走器官。它如果想把自己固定在某个地方，甚至固定在非常光滑的表面，例如禾本科植物的茎秆上，萤火虫就打开它的玫瑰花结，把它铺在支撑物上。它利用自己的黏性把自己贴在支撑物上。这个器官是通过抬高和降低、张开和闭合来帮助萤火虫行走的。总之，萤火虫是一种新型的自助前进的双腿残废者，它在腿后部放了一朵漂亮的白玫瑰，一个没有关节、可向四处活动的长着十二根趾肢节的爪子，这种管状的趾肢节不能抓着东西，只能黏附东西。

这个器官还有另外一个作用，能够当洗浴海绵和刷子使用。餐后休息时，萤火虫用这把刷子来回刷它的头部、背部、两侧和后部，它能够这样刷是因为它脊柱柔软。它一处一处地从身体这一端刷到另一端，非常谨慎细心，这说明它对此很感兴趣。它如此认真地擦拭、刷亮自己的目的是什么？很显然它要把身上的灰尘或和蜗牛接触的残留黏液的痕迹刷掉。它要多次爬到蜗牛加工库上去，稍微擦拭和刷洗一下并不多余。

如果萤火虫只会用接吻般的轻扭来麻醉猎物而没有别的才能的话，那么它在普通老百姓之中就不会那么出名了。它还会像灯一样点亮自己，这才是它成名的原因。让我们特别观察下雌萤。当它达到婚育年龄，在炎热的夏天发出亮光时，它仍保持着幼虫的形态。它的发光器官长在腹部的后三节处，其中前两节的发光器在腹部表面呈宽带状，几乎把拱形的腹部全部遮住了。第三节的发光部分要小得多，只有两个新月形状的小点儿，亮光从背部透出来，从萤火虫的上面下面都可以看见。宽带和小点儿发出微微发蓝的白光。萤火虫的总发光器官包括两个组群：一个是最后一个体节前面的两个体节的宽带；另一个是最后一个体节的两个小点儿。只有发育成熟的雌萤才有这两条宽带，这是最亮的部分；未来的母亲为了庆祝婚礼，穿上了最鲜亮的衣服，点亮了这副最华丽的腰带。但是，在此之前，从刚孵化时开始，它只有尾部的发光小点儿。这绚丽的灯光是雌萤惯常的身体变态，它会长出翅膀，能够飞翔。这种光彩标志着交尾期的到来。此后雌萤没有翅膀，不能飞翔，保持着幼虫谦卑的形态，但它却一直点着这盏明亮的灯。

雄萤则完全发育，改变了形状，拥有了翅膀和鞘翅。它像雌萤一样，从孵化时开始尾部便有了这盏微弱的灯。无论性别和发育阶段，尾部能够发光是萤火虫家族的特点。从正在发育的幼虫开始便有了，并贯彻整个生命始终。我们不要忘了，这个发光点不管从背部还是腹部都能看见，只有雌萤的那两条宽带才在腹部下面发光。

我的手没有从前稳固了，我的眼睛也没有从前好了，但是在它们允许的范围内，我求教关于萤火虫的发光器官构造的解剖技术。我终于将一根发光带子的大部分分离出来并在显微镜下观察。皮上有一种由非常细腻的颗粒状物质构成的白色涂料，这肯定就是发光的物质。我疲惫的眼睛已经不能更进一步地仔细观察这层白色的东西了。紧靠着这涂料，有一根神奇的气管，主干短而粗，上面长满了许多细枝，这些细枝延伸到发光层上，或者深入到身体内。这就是全部了。

发光器是由呼吸器官控制的，发光是氧化的结果。白色涂层提供可氧化物质，而长满许多细枝的粗气管把空气分布到上面。现在需要弄清这个涂层是什么。首先想到的是化学元素磷。人们残忍地把萤火虫煅烧然后化验其化学元素。但是据我所知，他们没有得到令人满意的答案。看来磷不是萤火虫发光的原因，尽管有时磷光被称之为萤光。答案在别处，谁也不知道在哪里。

我们对另一个问题了解得比较清楚。萤火虫能够随意控制它发射的光吗？它可以随心所欲地增亮、减弱、熄灭它的光吗？它是有一个不透明的屏幕遮住光源还是一直让光源露出来吗？这样的器官是没有用的，萤火虫有更好的办法来利用它的光亮。

遍布发光层的粗气管增加空气流量时，光就增强；同样的气管是由萤火虫控制的，萤火虫想放慢甚至暂停通气时，光就变得微弱甚至熄灭了。总之，这就像一盏油灯，它的亮度由空气到达灯芯的程度来调节。

某种激动会引起气管的运作而发光。在这里我们必须区别两种情况：一种情况是，发光的是漂亮的带子，这是达到婚育年龄的雌萤特有的装饰品；另一种情况是，发光的是不论性别不论长幼的萤火虫的最后一个体节点着的小灯。在后一种情况下，灯会由于某种骚动而突然完全或者几乎完全熄灭。我夜间捉小萤火虫时，大约五毫米长，能够清楚地看到那盏小灯在草地上发光；可是只要一不小心晃动了旁边的细枝，灯光就立刻熄灭了，我梦寐以求的昆虫也看不见了。而发育完全的雌萤的光带即使受到强烈的惊吓也影响甚微，甚至丝毫没有影响。

我在户外把雌萤关在笼子里，在笼子旁开了一枪。爆炸声没有任何影响，它依然发着光，和之前一样明亮而平和。我用喷雾器将水雾洒在它们身上，没有一只雌萤熄灭灯光，顶多是光亮有短暂的减弱，而且只是少数情况。我吹了一口烟到笼子里，这时亮度更弱了，甚至熄灭了，但是时间很短。萤火虫很快恢复了平静，又和之前一样重新亮了起来。我用手指抓住几只萤火虫，把它们不停翻转，轻轻捏它们。如果我捏的不重，它就继续发光，而且亮度没有减弱。在这个即将交尾的时期，萤火虫对自己的光亮充满热情，除非有非常严重的原因，它才会熄灭所有的灯。

从各种情况来看，无疑，萤火虫自己控制着它的发光器官，随意地使它熄灭或是重新点燃。但是有一种情况下有没有它的调节都没有影响。我在发光层割下一块表皮放进玻璃管理，用湿棉花塞住管口以防止过快蒸发。这块皮仍在发光，只是没有在萤火虫身上那么亮了。

可见并不需要生命体的帮助。可氧化物质——发光层与周围的空气直接接触，并不需要通过气管输入氧气，就像真正的化学物质磷那样，与空气直接接触而发光。还需要进一步指出的是，在充满空气的水中，这层表皮发出的光亮和在空气中一样，但是如果水煮沸而没有了空气，光就熄灭了。这再好不过地证明了我之前所说过的，也就是说萤火虫的发光是慢慢氧化的结果。

它的光是白色的，很平静柔软，令人想到圆月上落下的一粒火星。虽然很光亮，但照射能力微弱。如果我们在漆黑的地方用一只萤火虫在一行印刷出来的的字上移动，我们可以清楚地看出一个个的字母，甚至不太长的字；但在狭窄的空间内却什么也看不到。这样的灯会使阅读的人感到厌烦。

假设把一群萤火虫放在一起，彼此接近。每只萤火虫都发着光，这样每一只萤火虫发出的光通过发射照亮旁边的萤火虫，我们就能清楚地看到每一只萤火虫了。可事实并非如此：许多光混乱地聚集在一起，即使距离不远，我们的眼睛也无法清楚看见萤火虫的形状。这所有的光把萤火虫全部模模糊糊地混在了一起。

摄影为我们提供了一个明显的证据。我将二十来只充分发光的雌萤放在露天的金属网罩下。一丛百里香在罩子中央形成了一个小林子。夜晚来临时，我的囚徒们爬到罩子顶端，竭尽所能地朝着各个方向炫耀它们光亮的服饰。这样一来沿着细枝就形成了一串串不可思议的花序，我期待这些花序能够与照相版和照相纸产生神奇的效果。然而我的希望落空了。我得到的只是一些白色的、不成形的斑点，根据萤火虫群体数目的不同，这里密集一些，那里稀疏一些。没有一张萤火虫的图片，也没有百里香丛的痕迹。由于没有适当的光照，美好的烟火就像是映照在黑板上的模糊的白色斑点。

雌萤的光亮很显然是用来召唤情侣的。但是这些灯都是在肚子下表面朝着地面发光，而雌萤的飞行仓促且不确定，它是从上面、从空中、有时在离得很远的地方看的，因此在正常情况下是看不见它闪闪发光的魅力的，它被新娘厚实的身体遮挡住了。灯应该是在后背发光而不是在肚子下面，否则是看不到光亮的。

可是这种反常被巧妙地得到了纠正，每只雌萤都有它的调情手段。每个夜晚时分，我笼子里的囚徒们就前往我用来装备监狱的百里香丛中，它们爬到较高的细枝顶端，非常显眼。它们没有像在灌木丛下时那样安静地呆着，而是做着非常激烈的体操，扭动着它们非常柔软的腹部，朝各个方向扭来扭去。这样，附近寻偶的雄萤不管是在地上还是在空中，就都能看到这站亮着的灯。

这和捕捉云雀时旋转镜子的操作非常相似。如果镜子静止不动，云雀就无动于衷；如果旋转镜子，把它的光弄碎成迅速活动的闪光，云雀就会兴奋起来。

雌萤有吸引求婚者的计谋，而雄萤也有一种光学器具能够在远处看到这盏灯发出的最微弱的光。它的盔甲扩张成盾形，大大伸过了头，像帽檐或罩子一样，它的作用显然是要把目光集中到要识别光点上。颅顶下方是两只眼睛，非常巨大而且凸出，球冠形，彼此相邻，中间只有一条狭窄的槽沟让触须放进去。这个复眼几乎占据了昆虫的整张脸，缩在盔甲形成的空洞里，这就是真正的库克罗普斯的眼睛。

在萤火虫交尾时，灯光变得微弱，几乎要熄灭了；只有最后一个体节的尾巴上的小灯亮着。对于婚礼来说，这样微弱的小灯通宵亮着就足够了。而夜间活动的昆虫在一旁小声吟唱着婚礼的赞歌。很快它们就产卵了。它们将那些圆圆的、白色的卵产在冰冷的地上或草丛中，或者不如说是随意产在什么地方，这些发光的昆虫没有家庭的感情。

还有个奇怪的事儿：萤火虫的卵甚至还在雌萤肚子里时就是发光的。如果我不经意地捏碎一只肚子里装满成熟卵的雌萤，就会有一道闪闪发亮的汁液流到我的手指上，就像弄破了一个装满磷液的容器。然后放大镜告诉我我错了。发光是由于卵被用力挤出卵巢。另外，当产卵期临近时，卵巢里的萤光已经显现出来了，透过肚子表皮发出柔软的乳白色的光。

产卵期过后就立刻进入孵化期。幼虫无论雌雄，在最后一个体节都有两盏小灯。接近严寒时，它们钻入地下，但并不深。在我提供的松软土质的笼子里，钻入最多三四英寸。在冬至时节，我挖出几只幼虫，发现它们一直发出微弱的亮光。接近四月时，它们又爬出地表，继续完成它们的演化。

从开始到结束萤火虫的一生都发着光。它的卵发着光，它的幼虫也发着光。发育完全的雌萤是华丽的灯，雄萤成虫保持着幼虫时已有的小灯。我们了解雌萤光带的作用，那其余的发光部分有什么用呢？很遗憾我不知道。昆虫物理学的知识比书本上的物理学更深奥，我们可能很久、甚至一直都不会知道。

另一种钻探者

这个小家伙叫什么？我都不敢在文章题头出写它的名字。它的名字叫做铜赤色短尾小蜂。我们再读一次：铜一赤一色一短一尾一小一蜂。您的嘴巴会撑得慢慢的，会以为它是灭绝了的野兽呢！当我们读这个词时，会想到像乳齿象、猛犸象、大懒兽这样的史前巨兽。好吧，我们被专业术语给蒙蔽了，它只不过是一只非常不起眼的昆虫，比普通的蚊蚋还要小。

有些人就是这样，喜欢在科学领域使用响亮的名称，即使是一只小虫他们也要把你吓倒。哦，充满智慧的令人崇敬的学者们，动物的命名者们，尽管你们的命名生僻、音节繁缛，我将会在研究中使用你们的命名，但不会过度使用。它们会脱离小圈子呈现在公众面前，对于听起来不舒服的词，公众是不会顺从的。我希望像平常人一样讲话，使大家都听得懂，并且我相信科学不需要有大人国的行话，所以我避开生僻的学术上的专业名称，尤其是它要写一长串名称时。所以我放弃了铜赤色短尾小蜂这个名称。

这是一种非常弱小的昆虫，就像秋末在阳光下盘旋飞行的虫子一样小。它身穿赤铜色外套，眼睛是珊瑚红色。它佩戴着一把露在外面的宝剑，实际上是它产卵管上的鞘翅。宝剑在小腹末端倾斜竖立，而不像褶翅小蜂那样横卧在背部的沟槽里。剑鞘里面是产卵管的后半部分，一直延伸到腹腔。总之，它的工具和褶翅小蜂一样，不一样的是它的后半部分像剑一样竖立起来。

这个臀部佩戴着一把剑的小虫子也是石蜂的另一个迫害者，石蜂同样也害怕它。它和褶翅小蜂一起攻击石蜂蜂巢。我看见它像褶翅小蜂一样，用触须慢慢地探寻阵地；我看见它像褶翅小蜂一样，勇敢地将短剑插入石蜂中。它比褶翅小蜂更加认真地工作，也许更加不怕危险，有人靠近观察它都毫不留心。当褶翅小蜂飞走时，它还是一动不动。它如此大胆地闯入我的书房，在我的工作台上，和我争夺用来观察蜂群繁衍的蜂巢。它在我的放大镜下活动着，它在我的镊子旁活动着，它冒着什么样的风险？人们会拿它这个小家伙怎样？它自以为很安全，以至于我用手把石蜂蜂巢拿起来、移走、放下、再拿起来，小虫仍然无动于衷，当我把放大镜放到它上面时它仍然继续它的工作。

其中一名勇敢的小家伙来探访了高墙石蜂的蜂巢，蜂巢里的大部分蜂房被许多蛴蜂的寄生虫虫茧占据着。出于好奇，我将蜂房剖开一半，蜂房里的一切暴露无遗。这个意外收获令它很兴奋，连续四天，我看到这个小家伙从一个蜂房跑到另一个蜂房，选择适合它的虫茧，插入它的产卵管。由此我明白了，视觉对它来说是个不可或缺的向导，但这并意味着能一定找到适合的虫茧。这个小虫子探测的并不是石蜂蜂巢的石质外表，而是虫茧的丝状表层。探测者从来没有遇到过这样的情况，之前它的同类也是如此。在正常情况下，每只虫茧都有一个保护层，但这并不要紧，尽管表面大不相同，小虫子也毫不动摇，它有一种特殊的感官，这对我们而言是难解之谜，它能够知道隐藏在它不熟悉的蜂房里的探测目标。嗅觉已经显示没有问题，视觉现在也被排除掉了。

它钻探石蜂寄生虫——蛴蜂的虫茧，这并不使我感到惊讶：我知道，这个大胆的探访者对食物的特性漠不关心。我在不同大小、不同习性的蜂房里都见到过它，比如条蜂、壁蜂、石蜂、黄斑蜂。我桌子上被钻探的蛴蜂只是一个受害者，仅此而已。我的兴趣并不在此，而是我能够在最好的条件下观察昆虫的活动。

触角变成直角，像两根断裂的火柴，只有顶端在触探着虫茧。就是在这个末梢关节长着那神奇的感官，能够远距离感受眼睛看不到、味道闻不到、耳朵听不到的东西。如果探测地点合适，昆虫踮着脚以便给自己留下充足的空间。它将腹部末端稍微拉向前，整个产卵管，包括接种线和鞘翅在四条后腿形成的四边形中央垂直插入虫茧中。这样的位置非常好，有利于获得最佳效果。有时，整个产卵管贴在虫茧上，用尖端触摸着、探索着；然后忽然钻探丝从剑鞘中拔出，剑鞘收回身后，而丝努力向里深入。这个操作是很困难的。我看到昆虫试了二十多次，一次又一次，但还是没有穿透蛴蜂那坚硬的外壳。如果钻探工具不能进入，它就会缩回剑鞘，虫子再重新对虫茧进行探测，用触角顶端一点儿一点儿地叩探。就这样一次次地钻探直到成功。

卵是很小的纺锤体，像象牙一样又白又亮，长约三分之二毫米。它没有褶翅小蜂卵上那又长又弯的肉柄，也不像褶翅小蜂那样在虫茧顶部悬挂起来，它只是毫无秩序地堆积在养育它的幼虫旁边。最后，即使是在一个蜂房，只有一位母亲，产出的卵的数目也很多。褶翅小蜂体型较大（它的体型和膜翅目昆虫的牺牲者相匹敌），便在每个蜂房里寻找只供给一个卵的食物。因此，当它在一个蜂房里产了不止一个卵，那就是它弄错了，这并非预先计划的结果。当所有的食物只够一只卵享用时，它会尽量避免产好几个卵。它的竞争者却不是如此。一只石蜂幼虫可以养活这个小虫子的二十几只幼虫，它们共同生活在一起，享用着只能喂饱一只大虫子卵的食物。这个小小的钻探者建立的是全家共同进餐的大家庭。这些食物对一二十只小虫子来说是足够的，但一大家子一分就光了。

出于好奇，我想数清这一家子的数目，看看母亲是否能够估计食物数量，并根据所提供的食物数量有比例地产卵。我的记录中，一个面具条蜂的蜂房里有五十四只幼虫。这是一个无可企及的数字。可能有两位母亲在这个拥挤的地方产了卵。在高墙石蜂的蜂巢里，我看到了不同的蜂房里，幼虫数目是四至二十六只；而在棚檐石蜂的蜂房里，幼虫数目是五至三十六只；而在给我提供最详细资料的三叉壁蜂的蜂房里，幼虫数目是七至二十五只；在蓝壁蜂的蜂房里，幼虫数目是五至六只；在蛴蜂的蜂房里，幼虫数目是四至十二只。

第一个和最后两个数据能反映出，食物的丰富度和进食者数目之间有联系。当母亲遇到面具条蜂胖胖的幼虫，它就会产下五十个卵；当遇到蛴蜂和蓝壁蜂时，由于口粮有限，它就会产下六只卵。能够根据食物状况产卵，这是个非常了不起的事儿，尤其小虫子是在那样艰难的条件下来判断蜂房里有些什么的。蜂房里的东西被屋顶挡着，什么也看不到；小昆虫只能通过蜂巢的外部来获取信息，而蜂巢种类各不一样。因此我们不得不承认它有其特殊的区分方式，它是根据外部住所的大小来加以区分的。但我不愿意做这种猜想，并不是直觉上感觉不可能，而是从三叉壁蜂和两种石蜂那儿获得了信息。

在这三种蜂的蜂房里，我看到了幼虫的数目变化如此之大，以至于我必须放弃任何比例之说。母亲并不过多操心家人食物过多或是缺乏，它只是随心所欲地在蜂房产卵，或根据产卵期卵巢内成熟的卵子数目产卵。如果食物很丰富，一家子就能够更好地享用，它们会变得越来越结实强壮；如果食物匮乏，挨饿的幼虫也不会死去，它们会变得越来越瘦小。实际上，不管是幼虫还是成虫，根据群居密度的不同，它们在大小上会有差别，小群体的大小是大群体的两倍。

幼虫是白色的，两头比较细，很清楚地分成了几节，整个身子被一层纤细的绒毛覆盖，不借助放大镜是看不到的。头像一个小小的旋钮，直径比身子小多了。在显微镜下，可以看到它的上颚，那是两个红褐色的尖突，颜色逐渐变淡直到形成一个无色的大块。由于这两个器官没有缺口，不能咀嚼任何东西，顶多是将食用的小虫在虫茧里稍微固定一下。由于不能咀嚼，嘴只是一个简单的吸盘，通过皮肤的内渗将食物吸干。在此我们要重复一下卵蜂和褶翅小蜂那里学到的内容：寄生虫会让牺牲者慢慢衰竭死亡，而不是直接杀死它。

即使在我们见过卵蜂的那一幕之后，仍然觉得这是神奇的一幕。二三十个挨饿者像接吻一样贴着胖胖的虫茧，使虫茧一天天地变得衰老憔悴，但并没有任何明显的伤口，因此直到它变得干枯不堪仍保持着新鲜。如果我打扰了它们的进食，它们会突然停下来，绕着乳娘乱跑。然后它们又敏捷地重新开始野蛮的接吻。我还得补充一点，不管是在它们丢下食物的时候还是重新进食的时候，我都没有发现一点液体的痕迹。只有油泵工作时油才会渗出来。在描述卵蜂时我已经讲过了，再继续描述这种奇怪的进食方式就会显得多余。

在被侵犯的住宅里呆了差不多一年，夏初时分成虫终于出现了。同一个蜂房里住了那么多虫卵，这让我感到解放工作将会非常有趣。它们都迫切地希望尽早走出牢笼、出来参加这阳光下的节日：它们会同时一窝蜂地掘开屋顶吗？解放的工作是服从集体的利益还是只是个人行为？这些问题只有通过观察才能得到答案。

我事先将每一窝蜂都转移到短的玻璃管中，来代替原先的蜂房。一个约一厘米长的结实的软木塞是它们破壳而出时的障碍。它们并没有我所期待得那么匆忙、没有组织，我看到它们在非常井然有序地工作。只有一只昆虫在钻着软木塞。它用上颚耐心地挖掘，想要挖出一条和身体一样宽的通道。通道很窄，它只能倒退着回头。这是个很缓慢的过程，需要花费数小时挖洞，对于这个纤弱的小家伙来说太艰难了。

如果挖掘者实在太过疲劳，便离开工作地，加入虫群休息、调整自己。这时它旁边的同伴会立刻占据它的位置，直到第三个来代替，第二个的工作才结束。就这样一个一个地轮流工作，既保证工作不会停滞，也不会特别拥挤。与此同时，虫群安静耐心地在一旁等待，它们一点儿也不焦急。它们确信会成功的。等待的时候，有的把触角放进嘴里舔舐，有的用后腿打磨翅膀，有的蹦蹦跳跳打发无聊时光，还有的在做爱，这是打发时间的最高级方法，无论是当天出生的还是二十几天前出生的。

我说有几只虫子在做爱。这只是个别情况，屈指可数。别的虫子就无动于衷吗？不是，它们只是因为没有情人。在一个蜂房里雌雄两性数目极其不等：雄性少得可怜，有时甚至完全没有。以前的观察者也注意到了雄性的缺乏。布吕莱——在我隐居时唯一能够给我启示的人，曾这样说过：

"雄性几乎不为人所知。"

对于我来说，我是知道雄性的，但是它们的数目如此之少，以至于使我怀疑它们在比例如此失调的后宫扮演着什么样的角色。一些数据将表明我为什么如此担心。

在二十二个壁蜂的虫茧中，居民总数为三百五十四，其中有四十七只雄性，三百零七只雌性。因此，每只虫茧里平均有十六至雌性，一只雄性至少搭配六只雌性。不论是何种膜翅目昆虫被侵犯，都或多或少维持着这样的不平均分配。在棚檐石蜂的虫茧里，我发现是六只雌蜂配一只雄蜂；在高墙石蜂的虫茧里，我发现是十五只雌蜂配一只雄蜂。

事实上，我无法将这些数据更加精确地罗列出来，但这足够引起我们的怀疑了。比雌性更加弱小的雄性是不是会像所有昆虫那样，一次交尾便会受伤；大多数情况下，它们必须对雌性保持冷淡。其实，如果没有母亲，就不会断子绝孙了。关于这个，我无法说对，但也无法说不对。性别的双重性是个很难的问题。为什么要有两种性别？为什么不是只是一种？那样岂不是会更简单，而且会省去很多愚蠢行为的发生。菊芋的块茎是无性的，那为什么还有性别之分？在铜赤色短尾小蜂这章结束时我产生了这些问题。铜赤色短尾小蜂，这么个小小的虫子，名字却如此冗长。我郑重宣布我再也不会说出它的正式名称了。

返祖现象

　　我在别处陈述的事实证明：昆虫界的普遍规律是父亲对家庭都很冷漠，而某些食粪虫却除外。它们知道家庭合作，父亲和母亲在组建家庭上有着同样的热情。它们这种几乎涉及道德的天赋来自何处？

　　人们可能以安置幼虫耗费巨大作为理由。一旦它们要为幼虫准备住所，留给它们生存所需的物资，从种族的利益着想，父亲帮助母亲难道不是更有好处吗？两人共同劳动会创造出一人单独劳动时不能创造的福利，单独劳动会负担太重。这似乎是个不错的理由；但是它更多的是被事实否定而不是被肯定。为什么西绪福斯是个勤劳的父亲，而金龟子却游手好闲呢？但这两种食粪虫却有同样的技艺、同样的育儿方法。为什么月形蜣螂知道它的家属而西班牙蜣螂却不知道呢？前者是帮助它的伴侣，从不离开它。后者却很早就离异，在把孩子的粮食堆积加工好之前就离开新婚的家庭。尽管如此，两者在制作卵形小球方面都花费巨大，小球被整齐地安放成排，需要小心管理。产品的相似使人觉得它们的习俗也相似，这是个错误。

让我们研究一下膜翅目昆虫吧。毫无疑问，它是第一个留给后代遗产的昆虫。不管留给子孙的财富是一罐蜜，或是一筐猎物，父亲从来不参与。当住宅外面需要打扫，父亲也从来不清扫一下。无所事事是它始终如一的规律。在有些情况下，抚养家庭的巨大开支也没有唤起父亲的本能。那我们从哪儿寻找答案呢？

让我们使这个问题更加丰富：让我们丢下小虫子来关心一下人吧。我们有我们的本能，当某些本能从平庸之中突显出来达到一定高度时，就获得了天才这个名称。我们惊叹于从平凡之处涌现出来的不平凡的事物，光辉的亮点使我们着迷，在黑暗中闪闪发光。我们赞赏，但不知道这光辉的景象来自何处，于是我们对这些人说：

"他们有天赋。"

一个牧羊人排列着一堆堆石子来消遣烦闷，他变成了一个擅长计算的人。他不借助其他方法，只是短暂的思考。他的心算快速而准确，令我们惊恐。那一大堆数字压得我们喘不过气，在他的脑海中却是那么井然有序。这个不可思议的算术高手有本能，有天赋，有算术的天赋。

第二个孩子，在我们开心地玩着弹子和陀螺的年纪，他离开喧闹的人群，倾听心中发出的天堂里竖琴的回音。他的脑袋是一座装满了虚构的乐器的教堂。丰富的韵律只有他一个人听得到，他听得出了神。祝福他终有一天会用他的音乐唤起我们高尚的感情。他有本能，有天赋，有音乐方面的天赋。

第三个孩子，他吃面包和果酱时总会弄得满脸都是，他喜欢将黏土捏成自然稚拙、栩栩如生的形象，令人惊叹不已。他用刀尖将石楠根做成各种有趣的面具；他将黄杨木雕刻成马或羊；他在砂石上雕刻狗的形象。我们让他去做吧，如果上天助他一臂之力，他可能会成为有名的雕刻家。他有本能，有天赋，有形态方面的天赋。

在人类活动的各个分支，比如艺术、科学、工业、商业、文学、哲学方面都是如此。从我们一出生开始，我们身上就潜伏着将我们和凡夫俗子区别开来的特征。这样与众不同的特征是来自何处呢？有人告诉我们是来自一系列返祖现象。返祖现象有时是直接的，有时是遥远的，它将这种特征传给我们，时间对其进行了添加或修改。如果你查询家族族谱，你会追溯到天才的根源。它首先仅仅是条涓涓细流，然后是滔滔江河。

遗传这个词是多么深奥神秘！形而上学的科学已经试着向它投射出一点光辉，但科学只成功地为自己创造了一种不合规范的行话，让晦涩难懂的东西更加晦涩难懂。对于我们渴望清晰透明的人来说，让我们把这些深奥难懂的理论留给那些对这种理论乐此不疲的人，让我们把我们的抱负仅限于能够观察得到的事实上，而不要企图解释原生质这些理论。我们的方法当然不会向我们解释本能的起源，但它至少会告诉我们它是值得去寻找的。

进行这种研究，需要一个被彻底了解、连其内部特性都被彻底了解的实验对象。那我们去哪儿寻找这个对象呢？如果可以察知别人生命的深层秘密，就会有许多符合条件的对象。但是没有人能够探测除了自己以外的别的生命。如果永不磨灭的记忆和沉默的才能，能够准确地探测出这个对象，这就是太幸运了。我们谁都不能进入别人的角色，但是考虑到这个问题，他又必须置身于别人的角色。

我知道，自我是非常令人讨厌的。为了研究，读者需要仁慈地原谅这个自我。我将替换粪金龟，像对待虫子一样直截了当地询问我自己，在我的各种本能中，主宰其他本能的本能来自何处。

自从达尔文授予我"无与伦比的观察家"的称号以来，无与伦比这个词经常会在我的脑海中，我自己还不知道我具有哪方面独特的品质。在我看来，对周围的一切都感兴趣是极其自然的。让我们跳过这个话题，姑且认为这个恭维言之有据吧。

如果是肯定我对昆虫的好奇心，我就不再犹豫了。是的，我拥有经常推动我接触这个奇特世界的本能；是的，我认为我能够把我大量的宝贵时间花在研究上，如果可能，这些时间会更好地运用在防止往日的苦难上；是的，我承认我是个昆虫的狂热观察者。这些有特点的癖好有时会折磨我，有时又会给我带来快乐，它是怎样发展起来的呢？其中有什么东西需要归结于返祖现象呢？

芸芸众生是没有历史的。他们受到现在的困扰，也无法想到记住过去的回忆。告诉我们关于祖先的历史吧，让我们知道他们的过去；知道他们如何同残酷的命运做斗争；知道他们坚持不懈地努力造就了今天的我们。这些珍贵的资料极富教育意义，令人鼓舞。对于个人而言，没有任何历史具有这种历史资料的价值。但是由于一些情况，家庭被抛弃，一家人突然失踪，使得不再有人认得这个家。

在众多辛劳者中我只是个普通人，我对家庭的回忆也十分贫乏。在祖父那一代，我收集的资料突然变得晦涩不清起来。由于以下两点理由，我将在这方面花点时间：首先是询问返祖现象的影响，然后是留给我的孩子们与他们相关的一页纸。

我不认识我的外祖父。有人告诉我，这个令人尊重的祖先是鲁埃格地区最贫困的行政区的传票送达员。他曾经在邮戳纸上书写早期的拼写词。他保持笔盒里装满墨水和笔，他翻山越岭，从一个无力偿还债务的穷人家走到另一个无力偿还债务的穷人家，制作证书。在这样充满欺骗的环境中，这个低级学者同艰苦的生活做斗争，自然是对昆虫漠不关心；顶多有时候遇到昆虫，他会把昆虫踩在脚下。这只不为人所知的昆虫，被人们觉得有害，不值得进行深入的研究。至于外祖母，她除了做家务和念佛珠以外，几乎什么都不知道。除非你在邮戳纸上书写什么，她一直认为字母不会带来任何好处，只会损害视力。她那个时代的人们谁还关心读书写字呢？读书写字是留给公证人的奢侈物，而且公证人也不是随便乱读乱写的。不用说，她是最不关心昆虫的了。有时当她在水龙头下清洗蔬菜时，发现生菜叶子上有一条毛虫，她会吓一跳，然后把这讨厌的害虫扔得远远的，割断被看作是危险的联系。总之，对于外祖父母来说，昆虫是个毫无意思的生物，是人们不敢用指尖去触碰的讨厌的东西。毫无疑问，我对虫子的兴趣肯定不是从他们那儿遗传来的。

关于我的祖父母，我有比较确切的资料。由于他们健康长寿，所以我知道他们。他们是种地的，一辈子都没打开过书本，以至于他们和字母之间的怨恨特别深。他们在鲁埃格的高地上种着一块贫瘠的土地，寒冷的山脊上布满花岗岩。他们的房屋孤零零地坐落在欧石楠和染木料之间，方圆几英里都没有邻居，偶尔会有狼来探望。对于他们来说，这座房屋就是宇宙的中心。除了赶集的日子有人把牛赶到附近的村子外，其他地方都只是模糊地听说过。在这片荒无人烟的地方，有一片沼泽地，里面有彩虹色的水从地里渗出，向他们主要的家产——牛提供茂盛的草。夏天，在长满矮草的斜坡上，用树枝做成的栅栏日日夜夜地保护着羊群不受到野兽的攻击。当牧草被剪短后，牧场就移到别处。牧场的中央是牧羊人的移动小屋，一间麦秆小屋。如果有盗贼或狼在夜间从邻近的树丛来到这里，两只戴有锥形项圈的狗就负责保卫此处的安宁。

家禽饲养场里一直铺着一层牛屎，深及我的膝盖，粪堆被闪烁的深棕色粪尿坑隔开。这里居民众多，有跳跃的羊羔，大声叫嚷的鹅，刨地的鸡，呼噜呼噜叫、乳房上吊着一群小猪的母猪。

恶劣的气候使这里的农业不能快速发展。在风调雨顺的季节里，他们会焚烧长满染料木的荒野，然后用摆杆步犁翻耕被草灰弄肥了的土地，种上几英亩的黑麦、燕麦和土豆。最好的角落用来种植大麻，这种作物向家庭卷线杆和纺锤提供亚麻布的材料，是祖母喜爱的作物。

祖父是个对养牛养羊非常精通的牧人，但对其他事情一概不知。如果他知道在远方的亲人对这些在他的生命中从没见过的、毫无意义的昆虫如此迷恋，他会多么惊讶啊！如果他猜到这个疯子就是我，那个吃饭时坐在他身旁的笨蛋，他会有多么愤怒啊！

"谁让你把时间浪费在这些毫无意义的事情上的！"他会

愤怒地说道。

这个一家之长总是不苟言笑。我总是看到他严肃的面容。他的头发浓密，常常被拇指拨到耳后，古代高卢人浓密的长发散在肩上。我看到他的小三角帽、用搭扣扣着的短裤、填满稻草走起路来发出声响的木头鞋。啊，不！在他身边喂养蝗虫、挖食粪虫等那已经逝去的童年并不愉快。

祖母是个很虔诚的人，她总是戴着鲁埃格高地妇女独有的古怪帽子：帽子是个黑毛毡圆盘，像厚木板一样硬，中间装饰有一指高、比六法郎宽的帽顶。下巴上系有一条黑色丝带，用来保持优雅但不稳固的轮状物的平衡。腌菜、大麻、小鸡、凝乳、乳清、黄油；洗衣服、照看小孩、料理全家用餐，这就是这个辛勤劳动的女人的全部想法。在她左侧是卷线杆，杆上装着亚麻布料；在她的右侧是纺锤，她用灵巧的手指不停转动纺锤，纺锤时不时被唾液弄湿。她料理全家的生活，将家里弄得井井有条，并乐此不疲。我印象特别深刻的是一个冬天的晚上，那样的时候更适合家人团聚聊天。吃饭的时候，全家人一起围着一张长桌子旁，坐在两条长凳上，凳子由四条快要散架的凳腿支撑着。每个人面前有一只木碗和锡匙勺。桌子顶端有一个车轮大小的黑麦圆形大面包，面包被一块散发着诱人香味的麻布包着。祖父切开足够一餐食用的分量，然后用只有他一人可以使用的刀将切下的面包分给我们。现在每个人都用手指掰碎面包，随心所欲地将碗盛满。

接下来轮到祖母了。大锅里的汤在炉膛的火焰上沸腾翻滚，呼噜呼噜地吟唱着，散发着美味的培根和萝卜的味道。祖母用一只长长的铁勺为我们每人舀出可以浸湿面包的汤，然后舀出一些萝卜和半肥半瘦的培根，将碗盛满。桌子的另一端放着大水罐，口渴时可以尽情喝。多么好的胃口啊，多么欢乐的晚餐啊！当这段晚餐配上家里自制的乳酪时就更完美了！

在我们身旁，大壁炉在猛烈燃烧。这么冷的天气里，壁炉里燃烧着整根树干。在大壁炉一个涂着烟灰的角上，在合适的高度，有一块板岩薄片，这是晚上能够照亮厨房的照明工具。这里面燃烧着松树碎片，都是从半透明的、浸有松脂的松树碎块中选出来的。这盏灯在房间里发出淡红色的光，可以节省小油灯里的胡桃油。

当我们吃完后，最后一小块乳酪也收起来了。祖母又回到她壁炉角落的凳子上，摆弄起卷线杆来。我们小孩子，男孩女孩都蹲坐在炉火旁，将手伸向染料木发出的熊熊火焰。我们围着祖母听她讲故事。她讲的故事都没有太大变化，但仍然很精彩，因为狼常常出现在故事中。我非常想见到这只狼，它是很多故事的主人公，经常把我们吓得毛骨悚然，但牧羊人总是拒绝让我们在晚上进入牧场中央的茅屋。当我们讲完这些可怕的狼、龙和蛇，含有松脂的碎木也发出最后的光芒，我们就去睡觉了，这是劳动带给我们的甜蜜的觉。一家之中我最年纪最小，我有享受床垫——用燕麦壳塞满的袋子的权利。其他人只能睡在麦秸上。

我欠您多少恩情啊，亲爱的祖母。在您的膝盖上，我找到了对最初悲伤的安慰。你可能遗传给我充沛的精力、对劳动的热爱；但可以肯定的是，你并不比祖父更多地了解我对昆虫的热情。

我的父母也同样不了解。我的母亲目不识丁，她认为接受教育是痛苦的、令人疲倦的，这和我的爱好所需要的一切完全相反。我发誓，我的才能必须从别处寻找其根源。这个根源在我父亲那儿也找不到。他是个像祖父一样勤劳壮实的人，我能干的父亲在年轻时上过学。他知道怎么写，但不会任意拼写；他知道怎么读，只要所读的文章难度不大于年鉴里的小故事，他就能读懂。他是我们家里第一个受到城市诱惑的人，然而他活得很懊悔。他钱不多，技术也不精通，只有上帝知道他要怎样维持生活。他饱尝了一个乡下人变为城里人的失望。他运气不好，尽管他有力气而且善良，他还是饱受生活的重压，他是不会让我投身于昆虫学的。他更关心其他更直接、更重要的事儿。当他看到我用大头针将昆虫固定在软木塞上时，他立刻给了我几耳光。这就是我从他那儿得到的全部鼓励。也许他是对的。

结论是肯定的：在返祖现象中，没有任何内容能够解释我对观察事物的爱好。你可能会说我对过去追溯的不够远。可我的资料在祖父母一代便终止了，我只在一定程度上知道：我将找到更加朴实的祖先：农夫、黑麦播种者、羊倌，由于环境影响，他们在观察事物方面都毫无能力可言。

我在幼年时代就开始喜欢观察事物。我为什么不描述我那些最初的发现呢？那些发现极其天真，却能够让我们了解我的才能的发展趋势。当我五六岁时，为了让贫困的家庭少一个人吃饭，就像刚才所说，我被安排给祖母照看。在那儿，在我的独处生活中，我智力的光芒在鹅、牛、羊中间显露出来。在此之前这一切对我来说就是无法穿越的黑暗。内心的曙光升起的那一刻，我的生活才真正开始，驱散了浑浑噩噩的薄雾，使我留下了持久的记忆。我能够清楚地看到我自己身穿弄脏了的长袍，长袍拖到了脚后跟；我记得我用一根绳子将手帕挂在腰间，手帕经常会丢失，代替它的是长袖的卷边。

有一天，我这个喜欢沉思的小男孩，将手背到身后，脸朝向太阳。耀眼的阳光使我心醉神迷。我是一只受到灯光吸引的飞蛾。我是用嘴巴和眼睛来享受这耀眼的光芒吗？这就是我初露头角的科学好奇心提出的问题。读者们，请不要笑。未来的观察者已经在锻炼自己和做实验了。我睁开眼睛，闭上嘴巴，耀眼的光辉消失了；我又睁开眼睛，闭上嘴巴，耀眼的光辉又重新出现了。我重新开始，得到了一样的结果。问题解决了：我知道了我是在用眼睛看。多么神奇的发现啊！那晚我向家人汇报了这个发现。祖母温柔地笑话我的天真；其他人也都笑话我。世间的事就是如此啊。

还有另外一个发现。夜幕降临时，在附近的荆棘丛中，清脆的声音吸引了我的注意。在这寂静的夜晚，这声音非常轻，非常柔。是谁在发出这声音？是小鸟在窝里鸣叫吗？我必须立刻去观察情况。他们告诉我那儿有狼，会在这个时候出没。我还是去看看吧，地方并不远，就在染料木丛后面。我观察了好长时间，但都是徒劳。荆棘只要轻微一动，声音就停止了。第二天、第三天我又去观察了。这次我的坚持获得了成功。嗖！我抓住了这个歌者。它不是一只鸟，而是一只蝈蝈，我的玩伴教我品尝过它的后腿。我长时间的埋伏获得了一些补偿。事情最美妙的并不是它那像虾一样美味的后腿，而是我刚才所学到的东西。现在，我通过自己的观察知道了蝈蝈会唱歌。我没有告诉他们我的这个发现，我害怕会受到嘲笑，就像上次太阳的故事那样。

哇，屋子旁边田里的花儿好美啊！它们仿佛用那紫色的大眼睛向我微笑。后来，我看到了一串串红色的大樱桃。我尝了一下，不好吃，而且没有核。这些樱桃会是什么呢？秋末，祖父来到这儿用铁锹把我的观察田弄得天翻地覆。他从地下挖出一筐筐、一袋袋圆根似的东西。我知道那个根，家里有很多。我多次把它放在泥炭炉上煮，这是土豆，它那紫色的花和红色的果实一直存在我的记忆中。

　　我这个未来的观察者——六岁的小男孩，一直警觉地观察着昆虫和花草，就这样无意识地锻炼着自己。他走向花儿，走向昆虫，就像粉蝶走向甘蓝、赤蛱蝶走向蓟草一样。他受到好奇心的吸引观察着、询问着，而在返祖现象中看不到这种好奇心的秘密。他身上有着他的家族从未有过的才能的胚芽，他身上散发着祖先身上并没有的微光。他幼年时代微不足道的闪光点会变成什么呢？毫无疑问它会熄灭。除非教育参与进来，用例证给它喂食，用锻炼使它强大。那时，学校教育将解释返祖现象无法解释的事。

我的学校

　　我回到了村子里，回到了父亲家里。我七岁了，到了上学的年纪了。没有比这更好的事儿了：老师就是我的教父。我该怎么称呼让我认识字母表的房间呢？我无法找到准确的字眼，因为这个房间有各种用处。它一度是学校、厨房、卧室、餐厅，有时又是养鸡场、猪圈。说到学校，那时人们不会想到宏伟壮丽的建筑，一个破破烂烂的小屋就足够了。

　　房间里有一个宽大的梯子通到楼上。梯子下面，在木板凹处有一张大床。楼上有什么呢？我也不知道。我看见老师有时从上面搬下一抱喂驴的干草，有时搬下一筐土豆，主妇将土豆倒在装有小猪饲料的锅里。楼上可能是个粮仓，储藏着人和动物的食物。这两间房构成了整个住宅。

　　让我们回到下面的房间，也就是回到学校里来吧：房间里有一扇朝南的窗户，这是这个屋子里唯一的窗户。窗户窄而低，窗框正好碰到人的脑袋和双肩。这个窗洞是这个屋子里唯一有生机的地方，从这儿可以俯瞰大半个村子。村子铺展在山谷的斜坡上。老师的小桌子就在窗洞旁。

正对窗户的墙上有一个壁龛，有一只盛满水的铜桶闪闪发光。口渴的孩子们可以随时拿起手边的杯子开怀畅饮。壁龛上方的几块隔板上有几件锡器：盘子、碟子和饮具，这些东西只有在盛大的节日里才从龛顶上取下来。

阳光照射进来，照射到涂有肖像画的墙上。画中有七哀圣母，这位孤独的圣母敞开她的蓝色外套，露出她被七把利剑刺穿的心。在太阳和月亮之间瞪圆眼睛看着你的是天主，他的长袍像被狂风吹着般鼓起来。窗户的右边的墙上画着永世流浪的犹大。他头戴三角帽，身穿白色皮革围裙，脚上穿着钉有平头钉的鞋子，手上拿着结实的棍子。画的旁边写道："人们从来没有见过如此满脸胡须的人。"绘画者没有忘掉这个细节：老人的胡子像雪崩一样摊在围裙上，一直垂到膝盖。左边是布拉班特的吉娜维芙，一只母鹿陪伴在她身边。荆棘丛中躲藏着凶猛的戈洛，手中握着一把匕首。上面是克雷底先生之死，他在小酒店门口被赖账者杀死。四面墙上的空处都被画满了这样五花八门的画。

我对这个画廊很是赞赏，它以红、蓝、绿、黄这些丰富的色彩吸引着我们的目光。尽管老师摆出他的收藏品并不是为了培养我们的思想和心智。他不会把这种事儿放在心上的。他是独具风格的艺术家，他根据他自己的审美装饰这间屋子，而我们就受益于这些装饰品。

如果说这个每幅画值半便士的画廊一年到头都让我感到快乐，那么在寒冷的冬天、大雪铺满地面时，我发现的另外一个使我开心的东西更加吸引我。那就是房间远处墙上的壁炉，它和祖母家的壁炉一样大。它的拱形檐口同房间一样宽，巨大的壁凹有多种用处。中间是壁炉的炉床，但是在左右两边是两个齐胸高的壁龛，一个是木头做成的，一个是砖石做成的。每个壁龛就是一张床，上面铺着塞满谷壳的床垫。两块移动的木板就是遮板，如果睡觉的人想要把自己隔开，就可以关上这两只匣子。这间寝室在壁炉架下，向这间房的两个寄宿者提供了床。夜晚，当北风在黑沉沉的谷口咆哮，雪花漫天飞舞时，他们躺在壁龛里，关上遮板，非常温暖舒适。房间的其他地方也被炉床及它的附属装置占用：三脚板凳，保持干燥的盐盒子，需要使用双手的重型铲子，还有和祖父家一样需要靠腮帮吹气的风箱。它是将一根粗大的松木用炙热的铁钎掏空做成的，通过这个箱孔，嘴里呼出的气息被引导到远处需要重新点燃的木柴上。用两块石头搭成的支撑台上，燃烧着老师和我们每人每天早上带来的木柴，如果我们想分享壁炉里的美味佳肴的话。

这火并不是只是为我们而燃烧，它首先要烧热摆成一排的三只小锅，锅里炖着猪食——土豆和糠的混合物。尽管我们提供了木柴，可这才是这堆炉火燃烧的真正用途。两个寄宿者坐在板凳上，这是最佳的位置，而我们围着大锅，蹲成半个圆圈，大锅里的东西满满地溢到锅边，冒着蒸汽，发出扑通扑通的声音。当老师的目光移向别处，大胆的孩子就用刀去刺快要煮熟的土豆，并把它蘸到面包上。我必须说明一下，虽然我们在学校学习很少，但却吃得很多。我们一边写字或做算术时，一边砸坚果、啃面包是常有的事儿。

我们这些小孩子，学习时嘴巴塞得满满的，除此之外还有其他两个乐趣，堪比砸坚果带来的快乐。后门连着家禽饲养场，饲养场里，母鸡被小鸡围着扒粪堆，成群的小猪在石槽里打滚。这扇门有时会打开，我们便到外面玩。这些调皮鬼在回去之后都不把门关上。小猪们被煮熟的土豆的味道所吸引，立刻一个接一个地跑进来。我的板凳——年纪最小的学生坐的板凳，紧靠着墙，正好就在铜桶下面，当我们吃坚果吃得口渴时，很方便就能喝到水。这时我的凳子正好就在小猪奔来的过道上。它们发出咕噜咕噜声，一路小跑，尾巴卷曲起来；它们轻轻摩擦我们的腿，用它们粉红色的鼻子戳戳我们的手，以便取走面包屑；它们用犀利的小眼睛询问我们口袋里是否有干栗子。它们在教室里转来转去，一会儿在这儿，一会儿在那儿，老师用手帕友好地把它们赶回饲养场。接下来母鸡也来了，带着那一群毛茸茸的小鸡。我们都热切地弄点面包屑给我们这些可爱的参观者。我们互相比谁能把它们吸引到自己身边，并用手指抚摸它们柔软的毛茸茸的后背。不，我们这里当然不缺少娱乐。

在这样的学校里我们能学到什么！让我们先谈谈年纪小的，我就是其中之一。我们每个人手里都有，或者被认为有一本值几便士的书——识字课本。灰色的封面上印着一只鸽子，或者是像鸽子的东西。然后是个十字架，接着是按顺序排列的字母。翻过这一页，就是可怕的 ba，be，bi，bo，bu，这是大多数孩子的绊脚石。当我们掌握这可怕的一页的知识后，我们就被认为会读了，并被允许和大孩子们一起学习。但是，要使用这本小书，老师至少要教会我们每个人，让我们知道我们用什么方法着手。但是他花了大量时间在大孩子身上，根本没有空闲。将那本印有鸽子的识字本强加给我们，只是让我们有个小学生的样子。我们应该坐在板凳上思考它，在同桌的帮助下辨认它，如果他知道一两个字母的话。可是我们的思考得不出什么结果，因为大家都想着炖锅里的土豆，他们为了一颗子弹与同伴争吵，呼噜呼噜叫着闯入的小猪及来访的小鸡，这都会打扰我们思考。在这些娱乐活动的帮助下，我们耐心地等到放学。这才是我们最认真的事儿。

大孩子们在写字，他们享有着房间里仅有的一点点光线。他们坐在狭窄的窗边，永世流浪的犹大和冷酷的戈洛相互对视，而且房间里唯一一张周围有板凳的大桌子也属于他们。学校什么也不提供给我们，甚至连墨水都不提供，每个人得带上一整套用具来到学校。那时候的墨水瓶是个分成两层的纸板盒，让人想到拉伯雷笔下古代的笔盒。上面一层装着笔，是用小刀将鹅或火鸡的羽毛修剪而成的羽毛笔；下面一层装着一小瓶的墨水，墨水是混合着煤烟的醋。

老师的首要工作就是修剪羽毛笔，这是个很细致的工作，对不熟练的指头并非没有危险。然后根据学生的能力在白页的第一行画一道杠，然后写一行字母或单词。这些都做完后，让我们看看老师的杰作吧！老师用小指支撑用力，手腕像波浪般动起来，准备做手的冲跃动作。突然，他的手启动、飞跃、旋转；看，在他书写的那行东西下面展现出由环形、螺旋形和螺线形构成的花环，花环里有一只展翅欲飞的小鸟。这些都是用红墨水画成的，只有如此美丽的作品才配得上这支笔。大孩子和小孩子都在这样杰作面前惊呆了。晚上一家人聊天时，大家把这个从学校带来的作品传来传去，大家评论道：

"好厉害啊！""他用一支笔就为你画了个圣灵！"

我们在学校里都读什么？读的最多的是法文宗教故事里的几个片段。我们也经常读拉丁文，这是为了教我们在晚祷时唱歌。一些比较厉害的学生会试着读手写本和卖契，那里面有公证人写的晦涩难懂的话。

那历史呢，地理呢？从来没有人提过。地球是圆的还是方的对我们来说并不重要！任何情况下，让它生产出东西都是一样的困难。

那语法呢？老师很少关心语法，我们就更不关心了。名词、陈述句、虚拟语气这些语法术语以它们新鲜而又难懂的结构令我们惊讶不已。口语或书面语的正确使用都必须通过实践来学会。我们并没有被这个问题所困住。放学回家放牧羊群时，追究这些细微的差别有什么用呢！

那算术呢？是的，我们学过一点点，但不是在这个学术名称下。我们称它为计算。写下几行不太长的数字，把它们相加；把一个数从另一个数中扣除，这便是经常做的练习。星期六晚上，为了结束一周的学习，大家都忙乱起来。学习最好的学生站起来响亮地背诵一到十二的乘法表。我说是十二，因为那个时候是用旧的十二进制计量制，而不是十进制。当背完以后，整个班级，包括年纪小的学生，一起重复一遍，那吵闹声，如果小鸡、小猪碰巧在那儿，都会被吵得离开的。乘法表要背诵到十二乘以十二。领头的给下一组十二开个头，整个班级又一起大声重复。我们在学校里所学的东西中，乘法表是学的最好的，通过这种吵闹的方法让我们把数字深深印在脑海里。但这并不意味着我们就变成了熟练的计算高手，我们当中最聪明的学生也会被乘法进位弄得晕头转向。至于除法，更是很少有人能达到这个水平。总之，为了解决最小的问题，我们更多地使用心算，很少使用算术的巧妙方法。

我们的老师非常优秀，他要办好学校只差一样东西，那就是时间。他的职务占据他太多时间，所以留给我们的时间少之又少。最重要的是，他帮助一个在外的业主管理财产，这个业主只是偶尔才回到村子里。他帮他管理一座有四座塔楼的城堡，这些塔楼已经变成了鸽舍；他还帮助收贮干草、摘打胡桃、采摘苹果和收割燕麦。夏天我们都会去帮助他。冬天很多人都去的学校现在几乎是空无一人，只剩下一些在田地里帮不上忙的小孩子，其中包括有一天把这些难忘的事儿记录下来的小孩子。那时候上课更加愉快。他们经常在干草堆上或麦秸堆上上课；上课的内容经常是打扫鸽舍或踩碎雨天从堡垒中爬出来的蜗牛，蜗牛的堡垒就在与城堡相通的花园里的黄杨木林边缘。

我们的老师是个理发师。他用他灵巧的双手——那只能够在我们的练习簿上描绘出螺旋状鸟儿的双手，为当地的名人修剪头发——村长、教区牧师、公证人。我们的老师是个撞钟人。村子里有婚礼或是洗礼时就必须中断上课：他必须去鸣响钟声。当有大暴雨威胁时我们就会放假：他必须鸣响钟声提醒人们避开雷电和冰雹。我们的老师是个唱诗班领唱人。当他在晚祷上唱圣母颂时，洪亮的声音响彻教堂。我们的老师为大钟上发条、校准。这是他最自豪的职务。他看一眼太阳，确定大概的时间，爬上钟楼顶端，打开木板，将自己置身于错综复杂的齿轮中间，这其中的秘密只有他知道。

有这样的学校、这样的老师、这样的榜样，我那初期还未明确的爱好会变成什么呢？在那样的环境下，这些爱好始终受到压抑，最终被扼杀。然而，实际情况并不是如此，因为胚芽有很强的生命力。它搅动着我的静脉，一直不离开。它到处寻找食物，直至看到我那值几个便士的识字课本的封面。那里有我观察的鸽子的图像，我思考这个的热情超过了学习 ABC 的热情。它那圆圆的眼睛被斑点状的圆环框着，像是在对我微笑。它的翅膀向我讲述着它在美丽云彩间的飞行。我一根根地数着它翅膀上的羽毛，这只翅膀把我带到了山毛榉林，这些树木在长满苔藓的地上竖起光滑的树干，地上散布着白色的蘑菇，看上去像漂泊的母鸡下的蛋；它还把我带到被积雪覆盖的山峰，在那里鸟儿用红色的爪子留下了星形的印记。它是个好伙伴：它安慰我，让我忘记隐藏在书本封面下的悲伤。因为有了它，我能够安静地坐在板凳上等待学校放学。

　　露天学校还有其他魅力。当老师带领我们去杀死黄杨木林边缘的蜗牛时，我并不总是一丝不苟地履行我消灭者的职责。在准备处罚这一把收集到的蜗牛时，我有时会犹豫。它们是多么美丽啊！细想一下吧：它们有黄色的、粉红色的、白色的、褐色的，全部都有螺旋形条纹。我装满一袋子以便闲暇时观赏。

　　在收割干草的日子里，我和青蛙建立起了友谊。青蛙被剥了皮剌在一根劈开的竹竿上，它是我在小溪边用来诱惑虾爬出洞穴的诱饵。我在黑桤木树上抓到了一只单爪丽金龟，这个金龟子非常漂亮，连蔚蓝的天空都会相形见绌哦。我采摘水仙花，学会用舌尖吮吸甜蜜的水滴，这水滴只有在裂口花冠底部才能找到。我还知道了沉溺于这种美味太久会引起头痛，但这种不适丝毫不会削弱我对这种有魅力的白色花朵的赞美。它在漏斗的入口处有一个红色颈圈。

当我们去摘打胡桃树时，在贫瘠的草地上，蟋蟀张开翅膀，有的是蓝色扇形，有的是红色扇形。就这样，即使是在隆冬，乡村学校也源源不断地向我提供我感兴趣的事物。不需要任何规则和例证，我对昆虫和植物的热情自动成长起来。

而没有进步的是我的文科知识。为了鸽子，我大大地忽略了学习。父亲由于偶然的灵感，从城里带给我能够启发我阅读的东西时，那时的我，对晦涩难懂的识字课本不抱希望。尽管这微不足道的东西在我的智力开发上有重要的作用，但我在这方面实在没有花费太多精力。书里有一幅很大的、值一点五便士的图画，五颜六色，被分成格子状，每个格子里都有一种动物，并写着其名称的第一个字母。

我要把这珍贵的图画放到哪儿呢？在家中小孩子的房间里，有一扇和学校一样的窗户，也有一个壁龛，也可以俯瞰整个村子。这两扇窗户一扇在有鸽舍塔楼的古堡的左边，一扇在右边。两扇窗户都能很好地看到山谷的顶端。当老师离开他的小桌子后，我才能去欣赏这窗外的美景。而我家那扇窗户可以随心所欲地使用。我经常长时间地坐在靠窗的位置。

景色非常美。我能够看到大地的边界，也就是说，除了被雾笼罩的缺口外，我看到了挡住地平线的山丘。在这个缺口里，在桤木和柳树的下面，流淌着有小虾游过的小溪。一些被风吹动的橡树耸立在山脊上，插入云霄。再远的地方就没有什么了。那是一些未知的神秘世界。

山谷的后面是教堂，教堂的尖顶有三座时钟。更高的地方是山谷的广场。在宽大的拱形屋顶的遮盖下，喷泉水从一个水池流向另一个水池，发出汩汩声。我能够在窗边听到洗衣服的妇女在喋喋不休，捶衣杵的敲打声，用沙土和醋刷洗盘子的刺耳声。斜坡上有几间小屋，屋前的花园呈台阶状，围着摇摇晃晃的围墙，围墙在泥土的推动下鼓胀起来。到处都是陡峭的小路，路面上铺着天然的石子。骡子虽然脚步很稳健，也不敢负载着树枝在这条危险的路上行走。

还有，在村子外，山丘的半山腰上有一棵高大挺拔、历史悠久的椴树，人们称它为"这样树"。它的树干由于年代久远被挖空，是我们幼年时代捉迷藏时最喜爱的藏身之处。赶集的日子里，它那宽大的叶子为牛群和羊群制造了一片广阔的树阴。在一年中唯一隆重的日子里，我忽然萌生出几个想法：我知道这个世界并不只是小山丘那么大。我看到酒店老板将酒装在山羊皮皮囊里，负载在骡子的背上运过来。我在集市上闲逛，看到煮好的梨盛满了罐子，一筐筐的葡萄排成行，还有一种不知名的水果，我已经对它垂涎欲滴了。我站在那儿羡慕地盯着轮盘赌看，你只要付一个苏，它便开始转圈，然后指针忽然停在圆盘上的某一点上，根据这一点，你会得到一只粉红色的麦芽糖鬃毛小狗，或装有茴香的小圆瓶，更多的时候，你什么也得不到。在铺有一块麻布的地上，陈列着吸引小姑娘们的印有红色小花的印花布卷。在不远处摆着山毛榉木鞋、陀螺和木笛。牧羊人在那里选择他们的乐器，试着吹出几首旋律。这对我来说是多么新鲜啊！原来世界上有这么多东西可以看啊！唉，美好的时光总是很短暂。晚上，他们在小酒店里喧闹一阵之后，这一切就结束了。村子又恢复到了以往的宁静。

让我们不要在这些生命的黎明的回忆上徘徊吧。我们刚才讲到从城里带回来的值得纪念的图画。我该把它放在那儿呢，该怎么利用它呢？当然，我应该把它贴在我的窗棂上。房间的凹处和木板座位构成了我的书房；在这里我可以交替欣赏大椴树和识字课本上的那些动物。

我珍贵的图画，现在轮到我和你打交道了。让我们从驴子这个神圣的畜生开始，它的名字以一个大大的字母开头，教会了我字母 A。牛教会了我字母 B，鸭教会了我字母 C，火鸡教会了我字母 D。剩下的也是如此。有几个格子确实是缺少闪光点。我和河马、角叫鸭、瘤牛关系比较冷淡，它们是要教会我 H、K 和 Z。但这些动物比较生僻，我无法联想到这些相应的抽象字母，这些难对付的辅音让我犹豫了好久。但这不要紧，当我遇到困难时父亲帮助了我，以至于在几天之内我进步飞速，能够卓有成效地翻阅印有小鸽子的册子，至今为止我都觉得这本小册子很难懂。我入了门，学会了拼写。我的父母很惊讶。对于我今天意想不到的进步，我可以做出解释。这些图画使我和牲畜们交朋友，很符合我的天性。虽然动物们没有履行它们对我的承诺，但我仍然感谢它们教会了我识字。我想我通过其他途径肯定也会成功，但不会这么迅速，也不会这么愉快。动物万岁！

好运再一次降临到我的身上。为了奖励我的进步，有人给了我一本拉封丹的寓言。这本书很受欢迎，虽然便宜，但却有很多图画。我承认这些图画很小，而且画得很不准确，但却非常讨喜。图画上有乌鸦、狐狸、狼、喜鹊、青蛙、兔子、驴、狗、猫，这些都是我熟知的动物。这本书特别符合我的兴趣爱好，书中有一些动物行走和对话的小插图。至于要理解书中所讲的什么，那就是另外一回事了！不用担心，少年！把那些你还一点儿兴趣都没有的音节积累起来，以后它们会对你讲话的，而且拉封丹会永远是你的好朋友。

当我十岁时，我来到了罗德兹中学。我在小教堂里担任侍童职务，使我获得了免费走读的待遇。我们四个人穿着白色法衣，戴着红色无边便帽，有时还穿着长袍。我是其中年纪最小的，只是个龙套演员，是个凑数的。我从来都不知道什么时候应该摇铃，什么时候应该移开祈祷书。我们四个侍童，两个在这边，两个在那边，屈膝跪在唱诗班中央，当人们吟唱《主啊，您做救世的王吧》这首颂歌时，我都浑身颤抖。这种结结巴巴、胆怯的忏悔，还是让别人去做吧。

尽管如此，我在学校里很受人喜欢，因为我的作文和翻译能力都很强。在这样的古希腊文化的环境中，我们学习的是阿尔班的国王——普罗卡斯和他的两个儿子——努米托和阿穆略的故事。我们知道了西内吉尔。这个颌力很强的人在战争中失去了双手，仍然用牙齿咬住并扣下了波斯大帆船。我们还知道了腓尼基人卡德摩斯，他像播种蚕豆一样播种龙齿，并从他的种子田中征集了一群武士，这些人一边从田地里起义，一边互相残杀。残杀最后唯一的生还者是一个心狠手辣的人，他很可能是大白齿的儿子。

如果有人和我谈及月亮上那个人的事，我也不会吃惊的。我用虫子来补偿自己，虫子在这个英雄和半神化的梦幻环境中是永远不会被忘记的。我在效仿卡德摩斯和西内吉尔的功绩时，我不会忘记在星期天和星期四去看看报春花和黄水仙是否出现在草原上，朱顶雀是否在铅笔柏上孵卵，金龟子是否从摇曳的杨树上掉落下来。我对大自然的热情比以前更加。

我逐步读到了维吉尔的作品，我对梅丽贝、科里冬、梅那伽、达墨塔斯以及其他人物非常着迷。过去我的那些牧羊人的行为幸好没有被发现，书中除了描述人物以外，还讲到了关于蜜蜂、蝉、斑鸠、乌鸦、山羊、金花雀的一些细节。用感人的诗句吟唱田野里的故事，这真是令人感到愉悦；拉丁诗人在我的记忆深处留下了永久的印象。

然后，我突然不得不和我的学业告别，和提屠鲁、梅那伽告别。厄运无情地向我家扑来。饥饿降临了。孩子们，现在听凭上帝的安排吧，逃跑吧，尽量能挣得买土豆的一个便士吧。生活将变得极其艰难。让我们跳过这个阶段吧。

在这样一个可悲的生活中，我对昆虫的爱好应该消失了吧。一点也没有。这种爱好还存在于美杜莎的木筏上。我仍然记得第一次见到松木金龟的情景。它的触角装饰、深棕色底上布满白点的装饰，仿佛是惨生活中的一缕阳光。

让我们长话短说吧：好运从来不会抛弃勇敢的人，它把我带到了沃克卢斯初级师范学校。在那儿我的食物得到了保证：干栗子和鹰嘴豆。校长是一个有远见的人，很快对我这个新人充满信心。他几乎允许我自由行动，只要我能够完成学校全部课程。由于我略懂一些拉丁文和语法，我稍微领先于同学。我利用这个条件来整理我那些含糊不清的关于植物和动物的知识。当同学们借助字典检查听写练习时，我在课桌上悄悄研究夹竹桃的果实、金鱼草的壳、黄蜂的螫针和步行虫的鞘翅。

我已经偷偷尝到了自然科学的滋味，因此当我离开学校时，我比任何时候都更醉心于昆虫和花儿。我必须放弃它们。为了将来的生计，为了获得更充实的教育，我不得不这么做。为了升到初级学校之上，我该怎么做？那个时候学校的老师都无法养活自己。博物学不能在任何地方都引导我。那时的教育体系排斥这门学科，认为它配不上拉丁文和希腊文。那么就只剩下数学了，它所需要的工具很简单：一块黑板、一支粉笔和几本书。

于是我全身心地投入到圆锥曲线和微积分的学习中。这是一场艰难的战争，我没有导师、没有别人的帮助，我一个人日复一日地研究着深奥的难题，我坚持不懈的努力最终揭开了数学神秘的面纱。接下来是自然科学，我用同样的方法进行学习。

读者可以想象，在这场激烈的斗争中，我喜爱的科学会变成什么样。我稍微想逃离，就严厉地责备自己，生怕自己受到某种新的植物、某种不了解的鞘翅目昆虫的诱惑。我强迫自己学习。我的博物学书籍被抛到了箱底，被遗忘了。

最后，我被派到阿雅克修中学教物理和化学。这次的诱惑更大。大海上充满了奇观；沙滩上，浪潮送来如此美丽的贝壳；长满桃金娘科植物、野草莓树和乳香黄连木的灌木林，如此美丽动人的自然天堂以极大的优势在和正弦余弦搏斗。我屈服了。我的空闲时间被分为两部分。大部分时间分配给数学，根据我的计划，数学是我将来在大学学习的基础；另一部分用于植物标本的采集和海洋珍宝的寻找。如果没有 x，y 的打扰，我能够全身心地投入到我的兴趣爱好中，那将会是什么样的地方啊，我将会获得多么大的成就啊！

我们是一捆捆麦秸。我们想走向我们深思熟虑的目标，但命运却将我们推向另一方。数学是我年轻时潜心研究的事物，但对我来说几乎毫无用处；我曾经尽量避开的昆虫，却在我年老的时候给我安慰。尽管如此，我并没有对正弦余弦心怀不满，我仍然十分尊重它们。虽然它们曾使我面色苍白，但当我失眠时，过去常常让我得到、现在依然能够让我得到一些消遣。

同时，著名的阿维尼翁植物学家来到了阿雅克修。他总是在腋下夹着一个装满纸的盒子，横穿科西嘉岛采集植物，将标本压平弄干，送给朋友们。我们很快就认识了。在我空闲的时候，我经常陪他研究植物，他从来没有过比我更认真的弟子了。说实话，雷基安并不是个学者，但却是个狂热的收集者。如果要说出某种植物的名称或地理分布，很少有人能够跟他匹敌。一片草、一层苔藓、一层地衣、海藻的一条细线，他都知道。科学命名刚开始，他立刻就记住了。这是多么准确无误的记忆力啊，他对观察过的那么多事物做了多么井然有序的分类啊！我惊呆了。我在植物学方面欠了雷基安很多情。如果死神留给他更多时间，我肯定会欠他更多情，因为他有一颗慷慨大度的心，乐于帮助遇到困难的新手。

由于雷基安，次年，我遇到了莫奎因—坦登，我和他交换过几封关于植物学的信。这位图卢兹的著名教授来到我们地区，他系统地描述了植物区系。他来到时，所有旅馆的房间都被预订了，因为省议会的成员要召开会议。于是我向他提供食宿：在能够远眺大海的房间里搭了一张临时便床；食物包括七鳃鳗、大菱鲆和海胆。这是这块安乐乡上最普通的菜肴，但对这位博物学家来说却十分新奇，很有吸引力。我的诚恳和热情使他很感动；吃饭时我们无所不谈，两周后，我们的植物采集活动结束了。

和莫奎因—坦登在一起，我看到了新的前景。他不但是一个有着可靠记忆的科学术语命名者，还是一个有远见的博物学家，一个能将微小细节上升到宏观概括的哲学家，一个知道如何将赤裸裸的事实赋予神奇色彩的作者和诗人。我再也没有享受过像那样的精神盛宴。

"放弃你的数学吧，"他说，"没有人会对你的公式感兴趣的。去研究昆虫和植物吧。你的血管里有一股热情，我相信你以后一定会找到倾听你讲话的人的。"

我们考察了岛的中心，考察了雷诺索山，对这座山我已经是非常熟悉。我让这位学者收集像一块银色的布一样的白霜不凋花，科西嘉人称它为盘羊草或毛茸茸的玛格丽特皇后。这种植物穿上棉絮，在雪中颤抖。莫奎因－坦登还收集到其他稀有的植物，他非常高兴，而对我来说，相较于他的话语、他的热情，我更被白霜不凋花吸引了。当我从寒冷的山峰下来时，我下定决心必须放弃数学。

在他离开的前一天，他对我说：

"你专心研究贝壳，这很了不起，但这还不够，你必须了解昆虫。我来告诉你怎么做。"

然后，他从家里的针线筐里拿出一把剪刀和两根针，在针上装上葡萄枝作为临时手柄，让我观察他在一只装满水的汤盘里对蜗牛做解剖，他逐步解释并向我描述展示在我面前的器官。这是我一生中唯一听过的、难以忘怀的博物学课。

是做总结的时候了。我反复问自己，因为我不能询问沉默的金龟子。我尽可能地审视自己，得到了如下回答：

"从幼年时代，从我最初的内心世界被唤醒时，我就痴迷于大自然的事物。或者换句话说，我就有观察事物的天赋。"

在谈完我的祖先的所有细节之后，将这些解释为返祖现象就有点可笑了。谁也不会冒险去引用大师的话语或例证。我从来没有获得学校教育的成果。除了接受严格的考试，我从来没有进过大学教室。我没有老师，没有指引者，还经常没有书，我不顾苦难这个可怕的灭火器一直向前进，面对困难我坚持不懈，以至于我顽强不屈的才能终于能够倾倒出少量的内容。是的，非常少，但如果环境来帮助它，它却可能具有某些价值。我天生就是个动物画家，为什么是？怎样是？没有答案。

因此我们所有人在不同的方向，以或高或低的程度用一个特别的印记来标示出我们的特征，一种根源高深莫测的特征。只能说它们是因为存在而存在。天赋不能代代相传：天才也会有个愚笨的儿子。天赋也不能获得，它是通过练习而日趋完善的。他的血管里没有天赋的萌芽状态，尽管是在温室里培养，那也不会得到它。

当我们谈到动物时，本能这个名称是类似天才一样的东西。本能和天才都是居于平凡之上的高峰，但本能是可以代代相传的，对于某个物种来说，它不会改变、不会削弱，它是永恒的、普遍的。而天才是不能代代相传的，而且不同情况下会改变。本能是家族不可侵犯的遗产，降落到所有人身上毫无差别。本能没有差异，它独立于同类结构，像天才那样在某处显露出来，没有任何理由。没有任何事物能使我们预见到它，机体里也没有任何事物能解释它。如果食粪虫和其他昆虫被问到这一点，如果我们能够理解它们，它们都会以它们特有的才能回答我们：

"本能就是动物的天才。"

水 塘

　　水塘是我童年时代的欢乐，现在我年老了，我仍然对它的景色没有感到厌倦。这翠绿的世界是多么生动活泼啊！在水塘边的泥沙上，癞蛤蟆的小蝌蚪晒着太阳活蹦乱跳，黑压压的一片；腹部橙色的蝾螈用它那柔软的尾巴缓慢划行；在芦苇中央停泊着石蚕的小船队，它们身体一半伸出盒匣，时而呈现出小巧的木篓篱，时而呈现出贝壳小塔。

　　龙虱带着储备空气潜到水塘深处：鞘翅末端是气泡，胸部下面是像胸甲一样闪闪发光的气层；闪光的珍珠——黄足豉虫在水面上跳着芭蕾，翻转着身子；紧挨着它们的是成群的尺蟯，像修鞋匠缝鞋一样挥动着手臂划水，在水面上划行。

　　划蟯在仰泳，双桨伸展成十字形，水蝎也是如此；最大的蜻蜓幼虫浑身脏兮兮，身体覆盖着污泥，它的前进方式很奇怪：它将身体后部那巨大的漏斗装满水，再将水排出，通过水压器官的后退向前进。

软体动物是一个和平的族类，品种繁多。在水底，肥胖的田螺小心地掀起壳盖，微微打开住宅的遮板；水塘里的螺类——瓶螺、锥实螺、扁卷螺在水中花园的林中空地里，在与水面齐平的地方呼吸空气。黑蚂蟥在它的猎物——一截蚯蚓上蠕动；成千上万只淡红色幼虫——未来的蚊子旋转着、扭曲着、身体弯曲得像一只优雅的海豚。

是的，这是一汪不流动的水塘，尽管只有几英尺宽，但在太阳下却是个大千世界，这对于好学的观察者来说是个无穷无尽的宝藏，对于对自己的纸船感到厌倦的孩子来说也是个奇观，水中发生的一切可以转移他的注意力。让我来谈谈我对这第一个水塘的记忆吧，那时我这个七岁孩子的脑海里刚刚萌生出想象。

在我那天气恶劣、土壤贫瘠的小村庄，人们怎么维持生计呢？拥有几英亩牧场的主人饲养绵羊。他用摆杆步犁在最好的土壤上耕耙，把土地平整成由石墙维护的梯田。驴子从牛棚中运去一筐筐的粪便。到时候便会长出长势喜人的土豆，土豆煮熟了，热腾腾地盛在用麦秸编织的篮子里，这就是冬天的主食。

如果庄稼对于一家人来说供大于求，那剩下来的粮食就用来喂猪。这个珍贵的牲口，是腊肉和火腿的宝库。羊群为我们提供黄油和凝乳。院子里种着甘蓝、芜菁，在隐蔽的角落处甚至还有几个蜂巢。有这样一笔财富就可以泰然处之了。

但是，我们什么都没有，除了从母亲那儿继承的小房子和一片花园。微薄的家庭生活来源也快要没有了，要尽快处理这件事了。该怎么办？这是一个让父母讨论了一整晚的残酷话题。

童话里的侏儒躲在樵夫的凳子下面，听着他那被苦难压垮的父母讲话。我也假装睡着，双肘支在桌子上，不是在倾听那令人害怕的计划，而是倾听令我心花怒放的美好计划。事情是这样的：在村庄的低处，教堂的附近，在大股泉水从地下涌出与山谷的小溪汇合的地方，有一个大胆的人作战归来，建了一个小的油脂厂。他低价出售有着蜡烛油臭味的油脂，他声称他的商品有着很好的催肥鸭子的效果。

"我们养鸭子吧，"母亲说道。"这东西在城里卖得特别好，让亨利去看鸭子，将鸭子赶到小溪边。"

父亲说道："好，就养鸭子吧。虽然会有困难，但我们还是试试吧。"

那天晚上，我梦到了天堂：我和身穿黄色绒毛的小鸭子在一起；我把它们带到水塘边看它们洗澡，然后我再带它们回家，将疲惫不堪的小鸭子放在篮子里。一两个月后，我梦寐以求的小鸭变成了现实。我一共有二十四只雏鸭，是由两只母鸡孵出来的，其中一只母鸡是家里的，又大又黑，另一只是向邻居借的。

要抚养这些雏鸭，有一只母鸡就够了，它对收养的小鸭十分关心。一开始一切都很顺利：一个两指深的木桶就是它们的水塘。阳光灿烂的日子里，小鸭们在母鸡关切的目光下洗澡。

两个星期后，木桶不够大了。桶里既没有住满小贝壳的水田芥，也没有蠕虫和蝌蚪，这些对于小鸭子来说都是美味。潜水和在水草中寻找食物的时刻来临了；对于我们来说困难也降临了。小溪附近的磨坊主也有漂亮的鸭子；大声吹嘘他的油脂的油脂厂厂长，也有漂亮的鸭子，他居住在村庄下面，有利用泉水的优势；而我家在村庄上面，怎么能够让鸭子到小溪里去呢？夏天我们几乎都没有水喝！

在房屋附近，在一块砂石的凹处，在挖凿岩石的小坑底部有一涓细流。我们四五户人家在那儿用铜桶汲水。学校老师的母驴到那里饮水，邻居储备了一天的水后，水坑就干涸了。我们不得不等上一天一夜等水填满。不，鸭子不是在这个坑里找到乐趣的，而且这个水坑里确实不能容许有鸭子。

只有到那条小溪。成群的鸭子下到小溪是有危险的。穿过村庄的路上可能会遇到猫，猫是大胆的小家禽抢夺者；一些不友好的狗也会吓坏小鸭群；将鸭群再全部集合起来也是个麻烦事儿。我们要尽量避免混乱，还是在安静的、隐蔽的地方躲藏起来吧。

在山冈上，在城堡后面的小路上拐个急弯就来到了一片小小的平原，上面铺满小草。小路沿着布满岩石的斜坡弯弯曲曲，在与地面齐平的地方淌出一股涓涓细流，形成了一个水塘。那儿整天都很安静。小鸭子们在那儿很是惬意；它们可以在人迹罕至的羊肠小道上毫无阻拦地走向水塘。

小孩儿，应该让你把鸭子带到那个欢乐的地方。我作为牧鸭人的那些日子是多么美好啊！为什么要给这样欢乐的时光蒙上阴影呢？我的嫩皮肤太过频繁地和粗糙的土地接触，脚后跟磨出了个又大又痛的水泡。我想穿上藏在衣柜里的周日和假日穿的鞋子，也无法穿上。我只能光脚走在碎石块上，拖着我的腿，抬起我受伤的脚后跟。

让我拄着竹竿，一瘸一拐地走在鸭子后面吧。这些可怜的小家伙也是穿着敏感的鞋底；它们蹒跚地走着，发出嘎嘎声。如果我不让它们时不时地在白蜡树下休息一会儿，它们就会拒绝继续向前走。

我们终于到了。这个地方对于我的小鸭子来说真是太合适了；水塘浅，而且水温微热，水塘中有一块盖满泥浆的土块和绿色的小岛。沐浴的消遣很快开始了。小鸭的嘴里发出咯咯声，并开始到处搜寻食物；它们一口一口地筛选食物，吐出清亮的泡泡，留住美味的食物。在水塘深处，它们将尾巴翘到空中，头部伸进水里。它们多开心啊，观察它们干活儿也是件开心的事儿。先随它们去吧，现在轮到我享受这水塘了。

这是什么？在污泥上有一根松散的打结的烟灰色细带子，像是从一只破袜子上抽出的羊毛线。当牧羊女编织黑色短袜时，发现自己编得不好就从头开始，并不耐烦地将手中的线扔掉吗？看起来很像。

我在手中收集了一段细带子。它有黏性，很松散；在要抓住之前就会从指尖滑落。有几个结已经破裂了，从里面出来一个黑色小球，有大头针那么大，还有一条扁平的尾巴。我知道这个小东西，它是一只小蝌蚪，是青蛙的孩子。我看得有些厌烦。让我们不要再管这个打结的细带子了。

接下来的小东西让我很喜欢。它们在水面上转圈，黑色脊背在阳光下闪闪发光。如果我要抓住它们，它们便会立刻消失，消失得不见踪影。真是可惜啊：我还想更靠近地看看它们，并让其在我为它们准备的小盆里旋转。

让我们撇开这些绿色带子看看水底，水底升起一串串气泡，下面什么都有。我看到了有着密密螺纹的美丽贝壳，压得平平的，像扁豆一样；我看到戴着羽毛装饰的小虫子，有些背上有不断活动的鳍。它们在干什么？它们叫什么？我不知道。我凝视良久，水下的神秘使我感到不可思议。

水塘的水流淌到邻近的草原上，那里长着几棵桤木，我在树上找到了一个好东西——一只不是非常大的金龟子，不，它甚至比樱桃核还要小，但却蓝得无法形容。天堂里的天使就是穿这种颜色的服饰吧。我把这只小东西放到一只空的蜗牛壳里，并用一片树叶堵住。当我回家后，闲暇时候我便欣赏这只活生生的珍宝。还有其他一些娱乐消遣在召唤我。

供给水塘的泉水从岩石缝中流出，冰凉而纯净。泉水积存在两只手心那样大的石盆里，然后形成涓涓细流倾泻而出。这股流淌下来的水寻找水磨，这自不用说。两截麦秸富有艺术性地交叉在一根轴上，构成了一部机械；几块扁平的石头竖立在边缘，水磨便有了支撑。这个机械非常成功，水磨转动得非常好。如果能够和别人共享，那就更完美了。但我没有其他同伴，只能邀请小鸭。

在我们这个可怜的世界里，什么都令人生厌，甚至由两截麦秸构成的水磨也令人生厌。让我们想想别的东西吧：让我们修筑一个水坝来控制水流、形成水池。这项砖石工程，石头倒是不缺。我挑选了最合适的石块；将过大的石块砸碎。在收集石块时，我忽然忘记了我要修建水坝的事儿。

在其中一块砸碎的石头上，在一个我可以将拳头放进去的洞穴里，有个东西像玻璃一样闪闪发光。洞穴被六个六个聚在一起的复眼盖满，这些复眼在阳光下闪耀。在诸圣节上，当教堂的枝形吊灯照亮了上面的星星时，我看到过类似的东西。

夏天，我们小孩子躺在打谷场的麦秸上，谈论着一条龙守卫地下珍宝的故事。我现在又回想起这些珍宝：宝石这个名称在我记忆中响起，虽然有些不确定，但却十分辉煌。我想起了国王的王冠，我想起了公主的项链。在砸碎的石块中，我发现过比我母亲的戒指上那闪闪发光的小东西更贵重得多的东西吗？我更需要别的东西。

保存地下珍宝的龙对我十分慷慨，它向我提供了大量的金刚石，使我成为一堆宝石的拥有者。它还给了我金子。从岩石缝中流淌的涓涓细流流淌到细沙床上，在沙里打旋。如果我弯下身子，我就能看到落水点像金子锉屑一样旋转。这就是用来铸造金币的贵重金属吗？是我家非常罕见的那种金属吗？可能是的，因为它太闪耀了。

我将一撮沙放在掌心，沙里有许多闪闪发光的小东西，但是太小了，只能用被唾沫弄湿的麦秸尖去将它拾起。让我们放弃这些吧：它们太小了，收集起来令人厌烦。还有更大、更有价值的东西在前方，在岩石的深处。我们以后会谈到这个问题的，我们还会爆破山岳的。

我砸碎了更多的石头。啊，一块完整的东西被砸开，这个东西好奇怪啊！它呈螺旋形，就像雨天从旧墙缝隙里走出来的扁平蜗牛。它那多节瘤的边缘像公羊的角一样。不管是像贝克或是绵羊角，都很奇怪。石头里怎么会有这些东西呢？

珍宝和好奇心使我的口袋里装满卵石。天色已晚，小鸭子已经吃饱了。来吧，我的小家伙们，我们回家吧。我很激动，完全忘了脚后跟的水泡。

回家是件开心的事儿。一个声音回想在我耳边，这是一个无法形容的声音，比任何语言都要柔和，像梦境一样模糊。它第一次跟我讲水塘的秘密；它赞美天堂的昆虫，我听到这只昆虫在空的蜗牛壳——它的临时住宅里乱动；它还轻声讲述岩石的秘密、黄金锉屑、多面的珠宝和变成石头的公羊角。

可怜的人啊，压抑住你的欢乐吧！我到家了。父母看到我鼓鼓的荷包里装满了石头，在粗糙的宝贝下，在重压下，荷包都已经破裂了。

父亲看到我的荷包破了，说道："你这家伙！我让你去看鸭子，你却去捡石头玩，就好像我家周围没有石头似的！快去把那些石头扔掉！"

我很伤心，但还是服从了。钻石、黄金碎屑、变成石头的公羊角、天堂里的金龟子都被扔到门外的垃圾堆里。

母亲很伤心，她说：

"把孩子养大，他们竟变得这么糟糕！你会让我难过死的。拔拔草还可以喂养兔子。但是捡石头既会弄破你的口袋，有毒的虫子还会螫伤你，这样做有什么好处啊，傻孩子。肯定是有人向你下了个咒语啊！"

是的，我可怜的母亲，您那么单纯，您说的对。我今天承认我是被下了咒语。当人们辛苦赚钱维持生计时，提升自己的心智不是让自己更吃苦受罪吗？让无家可归者折磨自己去学习又有什么用呢？

时至今日，我十分进步。苦难在跟随着我，我知道小鸭游泳的水塘里的钻石是水晶，黄金锉屑是云母，变成石头的公羊角是菊石，蔚蓝色的金龟子是单爪丽金龟！我们这些可怜的人，让我们提防知识带来的欢乐吧：让我们在平凡的田地里挖掘犁沟吧，让我们避开水塘的诱惑吧，让我们看管好鸭子吧，让我们把解释世界这部机器的工作留给别的受到命运青睐的人吧，如果他们愿意的话。

噢，不！在生物中只有人类渴望探索知识，只有人类能够探索事物的奥秘。虫子是无法理解当我们从脑海中涌现出"为什么"时的痛苦的。如果这些"为什么"使我们以更加坚持的口气、更加独断的权威讲述，如果这些"为什么"使我们转移对利润的追求，在大多数人眼里利润是生命的唯一目的，我们这样做是适当的吗？让我们不要这样做，因为这样会摒弃我们最好的天赋。

相反，让我们力求在能力范围之内使未知事物发出巨大的光芒。让我们进行探索，探索出一些真理。我们将经受不住劳累；在这样一个无秩序的社会里，或许我们会一病不起，但还是让我们勇往直前：这是一件用一粒原子来增加知识总量的令人欣慰的事，这个总量是人类无与伦比的宝藏。

既然这微薄的一份属于我，那我将回到水塘，尽管它让我受到了合乎情理的责备，让我流出了心酸的泪水。我还是回到了水塘，但不是盛开着想象之花的水塘：这样的水塘一生不会遇见两次。要有这样的好运，必须穿上人生中第一条短裤，必须拥有人生中第一个想法。

自古以来我看到过很多水塘，它们蕴藏着更多的财富，而且被拥有丰富经验、成熟目光的人探测过。我满腔热情地用网搜索它们，我搅动淤泥，搅动蔓延的藻类。在我的记忆里，没有一个水塘比得上第一个水塘，这个水塘在欢乐和悲伤时，都是岁月中最美妙的景色。

也没有一个水塘适合我今天的计划。这个世界太大了，我会迷失在这广阔无边中，而生物会在阳光下自由繁衍，就像海洋一样，拥有无穷无尽的海底资源。在这条公共道路上探索，勤奋刻苦、不受路人干扰的观察是不可能的。我需要的水塘不算大，可以根据我的想法精打细算地让动物居住，可以在我的工作台上得到长期维护。

一张二十法郎的钱币被遗忘在抽屉角落。我可以在不严重破坏家庭收支平衡的前提下花掉它，让我们把它奉献给科学吧。我担心科学会很少受到我的恩泽。昂贵的器械比较适合实验室，研究死者的细胞和纤维都要花费巨资，而研究生命活动时，使用昂贵的器械的用途值得怀疑，它适合用简陋、低廉、临时制作的器械去探索。

我研究本能获得的最好结果使我付出了什么？除了时间、耐心，什么都没有。二十法郎对我来说已经是一笔昂贵的费用，如果我把它用在购买一台研究用的器械，便是拿这笔钱去冒险。我相信这二十法郎不会给我带来新的观点。但还是让我们试试吧。

　　铁匠为我收集了几个铁三角作为器械的构架。工匠（有时也是玻璃工，在这个村子里，如果你想收支平衡，就必须是个万事通）将构架装在木底座上，并用一块活动板作为盖子，在构架的四侧镶上厚玻璃。看，再有个涂着柏油的铁皮底和排水的龙头，这个器械就算是完成了。

　　制作者对他们的作品很满意，这在他们的作坊里是个新奇的玩意儿，很多人好奇我将拿这个小玻璃槽干什么。这个小玩意儿引起了一阵议论。有人坚持说用它来储存我的橄榄油，来代替之前那只从石头里挖出的旧罐子。这些功利主义者如果知道，我只是用这昂贵的器械来观察水里可怜的虫子，他们会对我疯狂地想法想些什么呢？

　　铁匠和玻璃工对他们的作品很满意，我也很满意。这只器械不乏优雅之处。它被放在小桌子上，在大半天都有阳光照射的窗户前，看起来非常好。它的容积只有十加仑左右。我们称它为什么呢？水族馆？不，这个名称太做作了，而且会让人想到被居民所喜爱的假山、瀑布和金鱼。让我们把严肃性留给严肃的事物，让我们不要把研究用的水槽当做休息室里无用的东西。我们称它为玻璃水塘吧。

我在水塘里放了一堆石灰质结壳，里面包裹着枯萎的灯芯草。结壳堆很轻，表面全是小孔，看上去像珊瑚礁。而且，结壳上覆盖着许多短短的、绿色的、绒毛般的苔藓，一簇簇，仿佛绿色的草地。我不用频繁换水，而是依靠这种微小的生物来保持水体的卫生，频繁换水会干扰这块移民地的工作。卫生和安静是成功的首要因素。居住动物的水塘里很快就会充满不适宜呼吸的气体、腐烂的恶臭和动物残渣，水塘很快会变成生命之间相互谋杀的罪恶深渊。这些残渣一旦形成，必须立即烧毁、净化，直至消失。从被氧化的废屑中产生充满新的气体，以使水中可呼吸的成分保持不变。植物的绿色细胞实现了这种净化。

当太阳照射玻璃水塘时，海藻的工作情况值得细细观察。铺着绿色地毯的暗礁上有无数小点闪闪发光，像美妙的天鹅绒球，上面点缀着成千上万颗钻石大头针。精致的珍珠不断地从绒球里蹦出，像发光的小球一样缓缓升起，光芒照向四周。这是在深水里连续不断发射的烟火。

化学告诉我们，由于绿色物质和阳光的刺激，海藻分解二氧化碳。而水中由于动物居民的呼吸和有机废渣的腐烂充满了二氧化碳。海藻保存着碳，碳被加工成新的组织，海藻将氧气散发成小的气泡，这些气泡部分溶解于水中，部分上升到水面，泡沫将可呼气的气体还给大气，溶解于水中的气泡维持水塘里动物的生存，不卫生的产物被氧化后消失了。

虽然我是个老手，我仍然对海藻能够使不流动的水塘保持卫生的奇怪现象感兴趣。我欣喜地观察着不断放射出来的气泡，想象中我仿佛看到了那古代的岁月，那时海藻是植物的长子，为生物制造出可以呼吸的空气，而陆地上的淤泥开始出现。我眼前的一切，玻璃水槽中的东西，向我讲述了包围着纯净空气的行星的故事。

石　蛾

　　在借助海藻保持永久卫生的玻璃水槽中，我将留宿谁呢？我将饲养石蛾——这个善于梳妆打扮的专家。在新颖独特的着装方面，很少有昆虫能超过石蛾。附近的水塘向我提供了五六种石蛾，每一种都有特别的技艺，但只有一种将获得历史荣誉。

　　我获得了这只石蛾，它来自一汪死水，水底满是污泥，还塞满了细小的芦苇。专家说，仅根据它的住宅可以判断这是沼石蛾，它的劳动为它的整个行会赢得了石蛾这个美名。在希腊语中是木片、木棍的意思。普罗旺斯农民生动地称之为"搬运夫"、"背猎袋者"。它是一只在死水中背载芦苇残屑的小虫。

　　它的匣子，也就是它流动的家，是个凌乱丑陋的建筑，是个杂物堆，在这里，建筑的艺术性让步给实用性。建筑材料各式各样，以至于如果频繁的过渡没有告诉我们相反的情况，我们会以为眼前是不同建筑师的作品。

幼小的新手以一种编制粗糙的藤柳深篓开始。爆竹柳的性质几乎是相同的，是那种长期被水浸泡后剥蚀、脱落下来的侧根段。幼虫用大颚把根皮撕咬成纤维、把侧根段锯成细小的直棍，再把这些棍子一根一根地固定在篓子的边缘，这些棍子始终交叉着，与篓子的中心线垂直。

让我们想象一个周围竖立着正切线的圆圈，或每个侧边都向各个方向延伸的多边形。让我们在多条直线上再重复叠加一层，而不去关注同一个方向，这样我们就得到了一个乱蓬蓬的柴捆，柴捆的枝条从各个方面突出来。这就是石蛾幼虫的堡垒，是个绝佳的防御系统。这个防御系统有一大团细长的尖状物，在穿越水草纠缠时十分困难。

幼虫迟早会抛弃这种到处钩挂的陷阱。它原先是藤柳编织工，现在变成了木匠。它用小梁和藤柳建屋，也就是说用木质圆材料建屋。这种材料在水下被浸成棕色，一般像麦秸一样粗，像一根手指那样长，有长有短，这就要看时机了。

此外，这堆破旧物中什么都有：残茎、枝杈废渣、一些嫩枝碎片、木头碎屑、小块树皮、大粒种子，特别是黄色鸢尾的种子，这些种子从被膜里掉落时是红色，现在已经变得像炭一样黑。这些杂七杂八的东西被随意堆放，有些东西是纵向放，有些是横向放，还有些是倾斜着放；一些角凹进去，一些凸突出来，起起伏伏，曲曲折折；大大小小混在一起，整齐的和不成形的混在一起。这不是个建筑，这是个凌乱的堆积物。有时，凌乱是一种艺术效果，但这里却不是，石蛾的劳动成果是一种莫名其妙的东西。

这堆乱糟糟堆积起来的东西立即接替了开始时井然有序的编制物。石蛾幼虫拥有有条不紊交叉堆放的木板条，它的那个柴捆不乏某种雅致。你看，现在建筑者已经长大，变得更加经验丰富，更加灵巧熟练，于是它放弃了整齐有序的工程设计，而是采用一种普遍的混乱的工程设计。在这两者之间没有任何过渡阶段。一堆稀奇古怪的东西突然竖立在最初的藤柳深篓上。如果没有经常看到这两种叠放在一起的劳动产品，我们不会认为它们有着共同的根源。尽管不协调，它们合在一起就是一个统一体。

但是这两层并不是无限期存在。当石蛾幼虫逐渐长大，它便放弃幼年时代的藤柳篓子，随心所欲地住在凌乱的藤柳堆里。幼时的藤条篓现在已经太过狭窄了，成了它沉重的负担。石蛾幼虫截去匣子的一段，砍掉并抛弃匣子的末端，这便是最初的建筑物。当它搬动到更高、更宽敞的地方时，它懂得用使折断的方法来减轻它的活动房屋。现在只剩下上层。同样一种杂乱的小梁建筑，随着需要将把这一层延长至槽口。

我们发现和这些匣子、柴捆在一起的，还有其他东西。它们都非常漂亮，全部由小贝壳组成。它们出自同一个工厂吗？要使我们相信这一点必须有确凿的证据。这边是美丽有序，那边是丑陋凌乱。一边是精致的贝壳镶嵌工艺品，另一边是一堆笨拙难看的枝条。然而这一切出自同一个劳动者之手。

证据很多。在某些木质部件混乱而丑陋的匣子上，有时出现一些相当整齐的、贝壳制成的镶面；同样，在某件贝壳作品上也经常出现一些乱七八糟的藤柳。当人们看到一只美丽的匣子被野蛮地毁坏了，不禁也会很恼火。

这个大杂烩建筑物告诉我们，这个质朴的梁柱堆积者能够毫无区别地制作粗糙的柴捆和精致的镶嵌工艺，当有机会时，它会进行雅致的贝壳铺砌技艺。在后一种情况下，匣子由扁卷螺构成，这些扁卷螺都是选择最小、最平的扁卷螺。这件作品虽然并非一丝不苟、规则整齐，但也不乏优点。优美的螺纹线圈，一个接一个地镶嵌在同一水平面上，非常漂亮。从圣地亚哥德孔波斯特拉回来的朝圣者也没有披过这么好的披肩。

但是石蛾毫不关心物体的比例协调。大大小小的物体结合在一起，过大的物体突然竖立起来，破坏了其井然有序的状态。在扁卷螺旁边固定着其他一些扁卷螺。最大的有扁豆一样大，有指甲那么宽，它们不可能被镶嵌得那么整整有序。它们越出整齐的部分，破坏了整个物体的完美。

更加乱七八糟的是，石蛾把所有废弃的贝壳加到螺旋圈中，不加区别，只要这个东西足够大。我注意到，在这堆旧货中，有瓶螺、田螺、锥实螺、黄葵，甚至还有豌豆蚬。

陆地上的贝壳在它的居住者死后被雨水冲刷到沟渠，也被石蛾欣然接受。在软体动物的旧衣服制成的产品里，我发现了镶饰着烟管螺的纺锤体、张开的涡螺、锥螺，都是草地上的居民。总之，石蛾用各种植物或死去的软体动物来作建筑之用。在水塘里多样化的残渣中，石蛾拒不采用的只有砾石。石头和卵石被谨慎小心地排除在建筑材料之外，这是一个流体静力学问题，我们稍后将作讨论。此时，让我们来观察这个匣子的构造吧。

我尽可能谨慎小心地将三四只石蛾从匣子中取出，放到一个能够使我轻松而准确地进行观察的小杯子里。多次尝试之后我知道了正确的方法，我把两种性质截然相反的材料交由石蛾处置：这些材料有的易弯曲，有的不易弯曲；有的柔软，有的坚硬。一方面，这里有活生生的水生植物，比如水田芥或水母伞形体，这些水母伞形体在基座上有一束像马毛一样粗的浓密的白色植物侧根，在这柔软的头发里，石蛾会同时找到它所需的建筑材料和食物。另一方面，这是一捆十分干燥、长度相同、像大头针一样粗的木质细枝。这两种建筑材料并排摆放，细丝和细枝混合在一起。石蛾可以自行选择。

几小时后，迁移引起的骚动平息了，石蛾开始为自己重新制作一个匣子。它用爪子收集了一束植物侧根，然后横在上面定居下来。它的臀部像波浪一样起伏波动，或多或少地对侧根进行调整。它制成了一根不结实、不可靠的悬吊腰带，一张有多个栓系点的狭窄吊床。因为石蛾不吃构成吊床的细枝，而且细枝逐渐和根的粗带一同延伸。这样，不用费什么力气，支撑基础就被天然缆绳适当地固定起来。几根丝线不经意地分布，使这一堆摇摇晃晃的东西更加牢固。

现在开始修建工程。它在悬吊腰带的支撑下伸张身体，并向前伸出中间的爪子，中间的爪子比其他爪子长，是用于远距离捕捉物体的抓钩。石蛾遇到一截植物侧根，将其固定，然后爬到高于抓住的部位的地方，好像在测量需要剪掉的截断，然后用大颚这把好剪刀剪断了这根线。

一次短暂的后退马上把石蛾带回吊床的高度。被剪掉的那一截段在石蛾胸前，被石蛾的一对前爪支撑，这对前爪不停翻转、挥舞、放下、再举起这个截段，似乎在寻找最佳位置。这对前爪是值得赞赏的、灵巧的手臂，它们比其他的爪子都短，它们能够与原始器官——大颚和吐丝器迅速接触。它们精细的末端关节是个可活动的钩形指头，就像我们的手一样。这是它们用于劳动的爪子。第二对爪子很长，用于抓取远距离的材料；当工人测量截段并用剪刀剪断时，这对爪子把工人紧紧固定住。最后是长度适中的后爪，当其他爪子工作时，它提供一个支撑。

如刚才所说，石蛾把刚才剪断的截段横放在胸前，在悬挂的吊床上微微后退，直到吐丝器和植物侧根提供的支撑物齐平为止。它突然摆弄那个剪断的截段，寻找截段的中部，好让截段两端从两边同样延伸。它选定地方后，吐丝器立刻开始工作，前爪使这个截段一动不动地保持在横向位置上。黏结工作是用少许丝在细枝中部，在石蛾的头部从左右两边能够最大限度地弯曲的范围内进行。

其他细枝也被用同样的方法隔着一段距离抓住、剪断并定位，毫不延迟。随着周围的树木逐渐变得光秃秃，材料的收集便在更远处进行。石蛾将身体进一步从支撑点向外延伸，这时支撑点上只剩下最后几个体节。这个悬挂着的脊梁翻转、摇动的体操动作真是奇特，此时石蛾的抓钩正在向各个地方探测，寻找一根线。

最后得到了一个用白色短绳结成的匣子。这个产品不结实，也不匀称整齐。尽管如此，根据建筑者的建筑方法，我看得出来，如果材料适合，这座建筑也不乏优点。石蛾在剪断那些截段时，大小尺寸估算得正好；所有的截段长度差不多；并且始终横向朝着匣子的边缘；石蛾都是用中爪固定它们的。

事情还没有结束：工作方式往往有利于总的协作。当砖匠修筑工厂烟囱的狭窄通道时，他置身于塔架中心，建立新的砖石层时他不停自转。石蛾也是如此。它在匣子里转动身体，无拘无束，没有阻碍，随心所欲地采取任何姿势，以使吐丝器正对着要加固的部位。它的颈部既不向左、也不向右弯曲，也不会朝后仰。它总是在前面，在它的工具所能及的范围内，在能够固定截段的那个合适的地方。当截段黏结完毕，石蛾便稍微向旁边转身，转身的长度和之前的黏结长度相等，它几乎是在同样的范围内固定下一个截段，这个范围的大小取决于脑袋能够摆动的最大限度。

从各种各样的条件中应该产生出一座整齐规则的建筑，建筑的开口是个匀称的多边形。用小段植物侧根构成的匣子怎么会这么杂乱无章？怎么装配得如此笨拙？原因是这样的：工人是有能力的，但这材料不适合这项正规工程。植物侧根有粗有细；有大有小；有直有弯；有单一的有分叉的。把这些不匀称的截段装配得整整齐齐是不可能的，而且石蛾对套罩并不是非常重视，这只是一项临时工程，只是赶紧建造出来遮蔽身体。事情十分紧急：柔软的丝状物被大颚剪断，收集起来比藤柳更快，装配起来也更容易，因为编织藤柳需要耐心地使用锯子。不规范的套罩是用无数根缆绳支撑着的，最终成了基础，在上面很快升起牢固的、永久性的建筑。很快，最初的工程建筑会毁坏消失，而新的工程建筑——一个永久性的建筑会一直保持到主人离去为止。

饲养在杯子里的昆虫向我展示了另一种建造初始住宅的方法。这次，石蛾把长满叶子的眼子菜的茎梗和一小捆干燥的细枝当作材料。它暂时住在叶子上，它的大颚把叶子横向一剪为二，没有受到损坏的部分作为拴系的带子，向初始阶段提供必要的稳定性。

在一片邻近的叶子上，整整一个截段被剪掉了，这个截段有尖角而宽大。材料很丰富，无需节约。用丝黏结的方式把截段固定在没有完全脱离的部分。通过三四次同样的操作，石蛾被一个圆锥形囊袋包围，这只囊袋口形成一个宽大、尖的、不规则的垂花饰。大剪刀的工作继续进行，新剪下来的截段一个接一个固定在囊袋口的内部，距离边沿不远，以使囊袋伸长收缩，最后终于用一种轻轻飘动的帷幔将这只昆虫包裹起来。

石蛾暂时穿上眼子菜的优质丝绸，或穿上水田芥的侧根向它提供的棉毛织品后，开始考虑制作一个更加坚固的匣子。现在的匣子作为更坚固的匣子的基础。但手边必不可少的材料很少，所以不得不出去寻找获得。到目前为止，石蛾还没有这样做过。为了这个目标，石蛾砍断了它的缆绳，也就是说，弄断了固定匣子的植物侧根，或者弄断被切剪了一半的眼子菜的叶子。圆锥形囊袋就在这叶子上。

石蛾现在自由了。人工的水塘——那只杯子十分狭小，这使它很快就接触到了它想要寻找的东西。这是一捆干燥的细枝，这是我特地为它挑选的细枝，长度相同，直径很小。这个木匠比利用细根时更加小心地在藤柳上丈量了一个合适的长度。为了到达将断裂的部位，需要伸展身体，伸展能够向它提供非常准确的丈量长度。

石蛾用大颚耐心地锯开它要的截段，然后用前爪抓住，把它横放在颈部下面。它后退到原来的住所，把这个截段也带到了匣子边沿。于是，对植物侧根截段进行加工的操作以同样的方式重新开始。就这样，同样长度、中间充分黏结、两端空着的小木块就叠搭起来了。

木匠使用这些供它挑选的优质材料建成了相当漂亮的建筑物。藤柳全部横向排列，因为这样最方便运输和布置。藤柳中部固定，因为吐丝器工作时，两只控制住木块的臂膀应该在两边抓住。每次黏结的长度都几乎保持不变，因为吐丝时，这个长度等于先在这里、然后在那里低头的弯曲程度。整个建筑是个多边形，接近于五角形，因为从一个截段到另一个截段，石蛾转身的弧度和每次黏结的范围相同。操作方法的规律性使建筑也具有规律性，但是必不可少的是，材料必须与之协调。

石蛾在天然水塘里并不经常拥有我在水杯里所提供的优质藤柳。它什么都会遇到，它就使用它遇到的那些东西，比如木头块、大的种子、空贝壳、茎秆、不成形的碎片，不论好坏，不用锯子进行修整，是怎样就怎样使用。这是一种大杂烩，是偶然性的果实，产生的就是一个丑八怪建筑。

石蛾没有忘记它的天赋，只是它缺少优质的材料。如果有一块合适的木场，它会立刻回到合乎规范的建筑上来，它身上带着这种建筑的设计图。它用同样大小的死扁卷螺制作闪亮的饰面匣子；它用一捆细根来制作漂亮的柴捆，由于腐烂这些细根已经只剩下僵硬壁纸的木质中轴。这些柴捆会为我们提供藤柳制品的样品。

让我们来看看当石蛾不能加工它喜爱的截段时它的工作情况。如果没有粗糙的碎石，我们就会回到丑陋的套罩上。它使用浸泡的种子的癖好使我产生了试验种子的想法，例如鸢尾的种子。我选择了稻米，因为它很坚硬，等同于木材；而且由于它的洁白，它椭圆形的形状，很适合艺术性的砖石建筑。

很明显，我那裸露的石蛾不能用这样的砾石开始工作，那它们会把最初的基础固定在哪儿？它们需要一个可以迅速简单建成的基础。水田芥的侧根构成的临时匣子为它们提供了这个基础。将水稻的籽粒放到这个支撑物上，这些籽粒直着或斜着，形成了一个优雅的小象牙塔。继细小的扁卷螺构成的匣子之后，这是我见到的最漂亮的物件。它恢复了井然有序的状态，因为整齐相同的建筑材料有助于石蛾正确规范的方法。

这两项证明就已经足够了。细枝和稻谷证明：石蛾并不是那种愚蠢的家伙，就像水塘里那些丑陋的建筑所表现的那样。这些大型建筑工程者堆积起来的物品，这些不同物件堆积起来的荒诞的艺术品，是偶然发现的物品产生的无法避免的结果，石蛾只能凑合使用这些物品，毫无选择余地。水栖木匠有它自己的技艺，有它自己的设计原则。当运气好时，它就能制造出一些漂亮的东西；当运气不好时，它就会像别的动物一样，制造出一些丑陋的东西。穷困导致丑陋嘛。

石蛾还有另外一个特点值得我们注意。它经受过许多次的艰苦磨练却仍然坚忍不拔。当我剥光它的匣子时，它又为自己制作了一个，这和大多数昆虫的习性形成了鲜明的对比。大多数昆虫不会重复做过的事，只会根据通常的习惯将做过的事继续下去，而不考虑已经受到破坏或已经消失的部分。而石蛾却是一个例外，它会重新开始，它是从哪里得到这种才能的呢？

我了解到，当有了紧急情况时，石蛾能够快速地离开它的匣子。我把捕获到的石蛾放在铁盒里，除了捕获物被浸湿以外，盒子一点儿也不潮湿。我将这些捕获物松散地堆积在一起，以防太过杂乱，并且可以最佳占用可使用的空间。我不需要关心其他问题。在我捕鱼和回家的两三个小时之内，让石蛾保持良好的状态，这就足够了。

回到家后，我发现许多石蛾离开了它们的住所。它们赤身裸体地在空匣子和仍住着居民的匣子之间攒动。眼看着这些被撵出住所的小家伙在竖着的小木板上，拖着裸露的肚子和纤弱的用来呼吸的毛皮，恻隐之心不禁油然而生。这并不困难，我将它们全部倒进了玻璃水塘里。

没有一只石蛾拥有未被占用的匣子。也许要找到一只合适的匣子需要很长时间。它们认为还不如抛弃旧衣服，为自己制作一个新的匣子。很快，它们便使用玻璃水槽里的材料——一捆细枝和水田芥，为自己修建了至少是暂时居住的、用植物侧根做成的住所。

由于水槽里缺水，而且比较拥挤杂乱，使我的石蛾囚徒非常不安。它们在冒着巨大危险的时候，脱去了笨重的、难以携带的外衣，匆匆逃走。它们剥去外衣以便更好逃离。这种突如其来的惊慌失措不是我引起的：那些对水塘里的食物感兴趣且头脑简单者并不多。石蛾没有提防它们的狡诈行为，这种突然离开肯定有人为干扰以外的其他原因。

我大概知道这个原因了，这个真正的原因。水塘一开始被一打龙虱占据着，这些潜水者的活动手段非常奇怪。某天，我把几只石蛾毫无恶意地放到龙虱中间。唉，我这个冒失鬼究竟做了什么啊！龙虱这些海盗们躲藏在岩石的坑洼处，立刻收获了意外的食物。它们奋力划桨，迅速扑向木匠的队伍。每个海盗抓住一个匣子的中部，拔掉贝壳和木柴，力求剖开猎物。这场旨在获得匣子中美味的残忍战争正在激烈进行，石蛾被紧紧夹住，出现在匣子口。它滑到外面，迅速从龙虱的眼皮底下逃走，而龙虱似乎没有察觉。

之前我已经说过，杀人者的职业不需要智力。野蛮的匣子剖开者并没有看见它从爪子间、从尖牙下疯狂逃走的小香肠，它继续抓扒屋顶，撕碎丝质里子。缺口打开了，但却没有发现它所期待的东西，龙虱变得垂头丧气。

可怜的傻瓜！你的受害者已经从你鼻子底下溜出去了，你却没看见。石蛾已经沉到水底，到神秘的岩石丛中避难了。如果事情发生在大范围的水塘里，很显然大部分受害者会采用迅速迁移的方法平安逃脱。它们逃到远处，从极其惊慌的状态中恢复过来，便立刻为自己重新制作新的匣子。直到遭遇新的进攻前，一切都已经结束，而新的进攻又会被同样的计谋打败。

在我狭窄的水槽里，事态变得严重起来。匣子遭到破坏后，逃得较慢的石蛾被吃光，龙虱回到石头遍布的水底，那儿迟早会发生惨案。一丝不挂的逃亡者会合在一起，立刻被撕成粉碎，然后被吃光，成了龙虱的美味佳肴。二十四小时之内，没有一只石蛾还活着。为了继续我的研究，我不得不将龙虱移到别处。

在自然环境下，石蛾有它的迫害者，最可怕的似乎就是龙虱。我们认为，为了挫败强盗的进攻，石蛾迅速放弃匣子的策略是很合适的。但这时需要一个特别条件，那就是重建房屋的才能。石蛾在这方面拥有很高的天赋。我在龙虱和其他海盗的迫害活动中看到了这种才能的根源。需要是技艺之母。

某些毛石蛾和长角石蛾身上盖满砂粒，从不离开河底。它们在被水流冲刷得干干净净的河底徘徊游荡，从一块礁石游到另一块礁石，不想在水面上漂浮，不想在阳光下航行。这些木柴和贝壳的收集者有更多优势。它们在除了自己的小船外没有其他支撑物的情况下，能够无限期地将自己保持在水面上休息，甚至能够在水面上划桨移动。

它们是如何拥有这种特长的呢？小柴捆是一种密度比水还小的木筏吗？一直空着的、能够在它的螺旋圈里包含气泡的贝壳是浮筒吗？粗大的藤柳破坏其整齐匀称是为了使木筏浮起吗？懂得平衡规律的石蛾有时选择较轻的材料、有时选择较重的材料，是为了得到一个能够漂浮的整体吗？这些情况都否认这个小虫子能够做出这样的流体静力学计算。

我把一些石蛾从匣子中取出，并让这些匣子接受水的考验。这些物件中，整个由木质碎片构成的，或是由各种材料混合而成的，都不能漂浮在水面上。由贝壳构成的匣子像沙砾一样迅速下沉到水底，其他的则缓慢下沉。我一个个地试验单个的材料。即使在那有多圈螺塔的扁卷螺中，也没有一个贝壳能够漂浮在水面上。木质碎片分成两种：有一种时间较长，已经变成褐色，被浸泡在水里，沉到水底，这种碎片很多。另一种时间较近，浸水较少，能够漂浮在水里，但这种碎片数量较少。正如整个匣子所显示的那样，整体的结果显示是下沉。我还要补充一点，从匣子中取出的虫子也不能漂浮。

石蛾没有草的支撑，而它自身和匣子又比水重，它如何停留在水面上？这个秘密很快就会揭露了。我从水中取出几只石蛾，把它们放在吸墨水纸上，这张纸能够吸收不利于观察的过多液体。石蛾焦躁不安地离开它的天然居所。它的身体一半脱离匣子，这次的匣子全是木质的，并用爪子紧紧抓住支撑平面。然后收缩身体，把匣子拉向自己。匣子半立着，有时甚至垂直竖立。牛头螺就这样慢慢前进，每次爬行都将甲壳稍稍抬起。

在空气中停留几分钟后，我把石蛾重新放进水里。这时它漂浮起来了，但却像一个装载较多的圆柱体。匣子垂直竖立，后孔与水面齐平。一个气泡从孔里逸出，没有了空气装载物，这只小船又立即下沉了。

用有贝壳的石蛾做实验，得到了相同的结果。一开始，它们在漂浮在水面上，垂直竖立，然后从后窗排出一个或两个气泡浸入水中，比其他石蛾下沉得更快。

秘密已经揭露，这就足够了。石蛾借助木头或贝壳包裹身体，始终比水重，它能够借助临时气球将自己保持在水面上，气体能减轻整体的密度。

这种器械的运转非常简单。让我们观察匣子的后部。匣子后部被截掉一部分，大大张开，有个横膈膜。横膈膜是吐丝器的产物。一个圆孔占据帷幕中心。虽然匣子外部粗糙难看，它的内部却很光滑，装着绸缎似的物质。昆虫用两只钻入丝质里层的钩子武装起来，能够在圆柱体内来回移动，随心所欲地将抓钩固定在它想固定的位置。这样，当六只爪子和身体前部在外面时，它就能控制匣子。

当石蛾休息时，身体完全收缩，占据着整个管子。但是，不管身体向前收缩得多么少，或者情况稍微好一些，身体部分脱离，紧接这种水泵活塞之后就形成了一个空隙，这个空隙利用后天窗，没有活塞的阀门，立刻充满了水。这样，充满气体的水在鳃（分布在背部和腹部的柔软纤毛）的周围就得到了更换。

活塞的推动只能影响呼吸，它不能改变密度，几乎丝毫不能改变比水更重的物质。要减轻质量，石蛾必须上升到水面。为了达到这个目的，石蛾越过草堆，从一个支撑物到另一个支撑物。尽管在一堆乱糟糟的柴捆中困难重重，石蛾仍然坚持着自己的计划。到达目的地后，它稍微将身体后端露出水面，推动一下活塞。于是，活塞推动形成的空隙充满了空气。这就足够了：小船和船夫都能够漂浮。现在，草堆的支撑物不再有用了，被抛弃了。这是在水面上、在阳光下，欢快展示的时刻。

石蛾作为航行者并没有特别的才能。转身、掉头、做后退动作移动，这就是它们能够做到的一切，而且做得非常笨拙。它的身体前部离开匣子后，充当着船桨的功能。这个部分突然升上水面，弯曲，再落下，搅动水面。船桨不停地重复拍水的动作，把这个不熟练的划桨者带到了新的地方。如果要渡过一手宽的距离，对这个划桨者来说就是一次长途旅行。

然而，石蛾没有与水面齐平航行的癖好。它宁愿在原地扭动，成群结队在水面上停留。当要返回安静的水底、返回布满泥沙的河床时，小昆虫晒饱了太阳，全身蜷缩在匣子里，推动活塞，排掉后面的空气。恢复了正常的密度，石蛾便开始下沉到水底。

因此我们看到，石蛾在制作匣子时，并不需要关心静力学。尽管它的产品不协调，体积大的东西密度小，似乎可以平衡沉重的和浓缩的东西，所以它并不需要将轻的和重的按正确比例组合起来。它有其他妙计升上水面、漂浮、再潜入水底。它利用水草阶梯上升。只要负重不超过虫子的力量，匣子的平均密度就没那么重要。另外，负载的重量在水中移动时会大大减轻。

进入后室（昆虫不再占用的后室）的气泡使石蛾能够不进行其他操作就无限期地停留在水面上。想要再潜入水中，石蛾只需要完全缩回匣子就可以了。空气被排掉，小船恢复到大于水密度的平均密度，便立刻沉入水底。

因此，只要没有小石子进入，建筑者就不选择材料，不计算平衡。无论大的小的，无论是藤柳还是贝壳，无论是种子还是圆材，全部适合。这些虽然是随意建造的，但却坚不可摧。只有一点是必不可少的：总体重量必须略微超过排出水的重量，否则在水塘底，如果没有抵挡水的推力的永久性停留地，就不会稳定。同样，当环境变得危险，受到惊吓的石蛾想要离开时，也无法立刻潜入水底。

比水重这个重要条件也不需要清晰的洞察力，因为整个匣子几乎是在水塘底建造的，所有的材料都是随意收集，一直沉降在那儿。匣子里能够漂浮的物体很少。石蛾仅仅为了不无所事事，在水面上玩耍时它们将匣子固定在柴捆上，而不考虑特有的轻巧。

我们有自己的潜水艇，在潜水艇里，水力学施展了其高超的本领。石蛾有自己的潜水艇，潜水艇露出水面，漂浮在水面上，再潜入水中，甚至用逐渐释放多余气体的方式在水中停留。这种器械非常平稳、灵巧，不需要建造者有相关的知识。这是自然而然做成的，符合事物普遍和谐的设计。

数学忆事：牛顿二项式

圆网蛛织网是个很有趣的数学问题。如果我不是怕读者感到厌倦，我很愿意把所有细节都写下来。也许我的简单描述已经扯得太远了，因此我给读者一些补偿，我将问他：

"您想听听我是如何获得丰富的代数知识，以致能看清对数网，并成为蜘蛛网调查员的？您想听吗？这可以让我们暂时从昆虫的故事中休息一下。"

我似乎看到了默认的表示。我那乡村学校带着几分宽容允许小鸡和小猪来访，我那孤独而艰苦的学校为什么就不能有其他的兴趣呢？让我来讲讲我的学校。我这样做可能会使别的贫困但对知识渴求的人们鼓起勇气。

我没有条件在老师的指导下学习。也许我不应该抱怨，自学也有自学的好处：它不会把你框在一个固定的模子里，而是让你自由发挥。野果成熟时和温室里的果子味道也不一样，它会在懂得品尝的人唇上留下又苦又甜的味道，有苦味的对比，甜味更加浓烈。是的，如果我可以，我会重新面对我唯一的老师——书本，虽然它并不总是十分明了；我也会乐意再独自熬夜，与黑暗作斗争，最终一定会从黑暗中发出一丝光亮的；我愿意重新踏上往昔的艰苦历程。激励着我的唯一愿望，也是从来没有失败过的愿望，那就是学习以及把我学到的点滴知识传授给别人。

当我从师范学校毕业时，我的数学知识很欠缺。如何开平方根，如何计算和证明球面的体积，对我来说是这门学科的顶点。当我偶尔打开一张对数表时，那些可怕的、有一大堆数字的对数让我头昏脑涨。我只不过才到了算术的洞穴边缘，就被某种掺杂着敬畏的恐惧感压垮了。关于代数，我一点儿概念也没有。我只是听过这个名词，这个词在我那贫乏的脑袋里非常深奥。

而且我根本就不打算去探究这个深奥难懂的词。它们就像一道还未品尝就被断定为难以消化的菜肴。我对维吉尔那美丽的诗更感兴趣，尽管那诗我也是刚刚理解；我怎么也没想到我竟然会长期地沉迷于那可怕的代数研究中。好运使我获得了第一次上代数课的机会，当然，是授课还不是听课。

一位和我年纪差不多大的年轻人来找我，让我教它代数。他正在准备土木工程师的考试；他来找我，因为他把我这个老实人当成了学者。这位诚实的求救者，这和他的估计相差太远了。

他的要求也使我大为震惊，经过思考我立刻镇定下来：

"我教代数？"我心想，"这肯定是疯了，我对代数一无所知啊！"

我考虑了很久，拿不定主意。我不断地问自己：

"我应该答应呢？还是拒绝呢？"

唉，干脆答应吧！教游泳的方法就是勇敢地跳进海里。就让我带头跳进代数的深渊，也许在快要被淹死的紧急关头会产生一股带我上岸的力量。我不知道他想要什么，但这不要紧：让我们勇往直前，一头扎进黑暗中。我将一边教一边学。

这个大胆的想法使我一下子进入了一个我不曾想踏入的领域。我二十岁时候的自信真是无可比拟的力量啊。

我回答道："好的，那就后天五点，我们正式开始。"

这二十四小时的推迟隐藏了一个计划，我将有一天的缓冲时间，我将在神圣的星期四花时间来备课。星期四到了，天气阴暗寒冷。在这种坏天气里，将烤炉的炉箅上装满焦炭是多么愉快的事儿啊。让我们一边取暖一边思考。

嘿，小伙子，你现在的处境非常艰难啊！你打算明天怎么办？如果你有一本书，你看上一整夜的话还能勉强备一课，好歹把那令人发愁的时间打发掉，接下来再看着办，一天天地应付下去。但是你没有书。跑书店也没有用。代数论著不是日用品，你得让人家进货，这至少得两个星期。但我已经答应人家明天上课了！还有一个无可辩驳的理由：我的收入太少，只剩下抽屉角落那点儿钱了。我数了数，只有十二苏，这点儿钱不够。

我应该打退堂鼓吗？当然不！我想到了一个办法：这个方法不太正派，我承认相当于盗窃。噢，庄严神圣的代数，您将原谅我的小过错！让我来忏悔这暂时的侵占吧。

我工作的中学的生活有点儿像隐居的生活。由于收入甚微，大多数老师住的都是学校宿舍，在校长的餐桌吃饭。自然科学的老师是领导层的大人物，住在城里，他也和我们一样有两个小房间和一个露天阳台，做化学实验时，会释放出令人窒息的气体。因此他一年中大部分时间在屋里上课更方便。冬天学生们来到屋里壁炉的炉箅前上课，和我屋里的一样。那儿有黑板、储气罐、壁炉上有玻璃浇铸台，墙上挂着弯管，还有一些书橱，里面摆着一排书，那是老师上课时翻阅的权威论断。

我心想，这些书中肯定会有一本代数书。向书的主人借这本书不大可能，那位同事会高傲地接待我，会嘲笑我那雄心勃勃的目标。我敢肯定他会拒绝我。

未来会证明我的猜疑是合理的。到处都有目光短浅、喜爱妒忌的人。

我决定自己去拿这本书，我跟他要他肯定不会给。今天是假日。自然科学老师是不会来的，我的房间钥匙和他的几乎是一样的。我走过去，侧耳倾听，密切关注着。我的钥匙不那么匹配，停了一下，再继续，再用力按下去，门开了。我检查了书橱，发现确实有一本代数书，是一本过去人们编著的书，又大又厚，有一英寸厚。我双腿发抖。可怜的盗贼，如果你被人逮住了可如何是好啊！还好一切顺利。让我们赶紧关上门，带着偷窃的书回家吧。

现在这本神秘的大书归我们了，它的书名是阿拉伯语，有种神秘秘籍的味道，和天文学大成、炼丹术很相似。你会向我们展示什么呢？让我们先随便翻翻。在我们将目光停留在某一景点之前，我们应该了解一下全景。书一页一页地翻过去，我却什么也不知道。有一章吸引了我，让我停了下来，它的标题是：牛顿二项式。

标题吸引了我。二项式会是什么呢？特别是有世界影响的伟大的英国科学家牛顿的二项式会是什么呢？天体力学和它有什么关系？让我们阅读下去来寻求答案。我的胳膊肘撑在桌上，拇指托着耳朵，聚精会神。

我突然感到吃惊，因为我看懂了！那里面有一些数字、普通符号以各种方式组合在一起，轮流变换着位置；这就是文章里所讲的排列、组合和置换。我拿着笔进行排列、组合和置换。这种练习非常有趣，的确，这是一种用笔算的结果来证明逻辑预测并能够完善思维的游戏。

我心想："如果代数没有这个难，那简直就是太顺利了。"

至于二项式，我必须摆脱这种幻想，它就像美味的奶油饼干之后端上来的难以消化的食物。但是今天，我品尝不出未来困难的味道，当我们坚持不懈地努力时，我们会陷入什么样的境地。我在炉火前，在排列组合中度过了多么愉快的下午啊！晚上我有了自己的计划。当七点钟铃声响起召唤我们去吃饭时，我充满愉悦地下楼，像一个被接纳的新教徒一样。我被交织成科学诗篇的 a，b，c 簇拥着。

第二天，我的学生来了。黑板和粉笔都准备好了。准备的不够充分的是老师。我勇敢地开始讲起二项式。我的听众对字母组合很感兴趣。他一点儿也没察觉我前后颠倒了，而且是在我们应该结束的地方开始的。我通过一些小问题来缓解讲解的无趣，需要思考时就停下来，以便积蓄力量发起新的冲击。

我们一起研究。为了让他自己有所发现，我谨慎地向他提供我的思路。题目解出来了。我的学生满足了，我也很满足，但是在我的内心深处，它告诉我：

"你能够让别人理解，说明你也理解了。"

我们俩都觉得时间过得很快，而且过得非常愉快。年轻人离开时很满意，我也很满意，因为我获得了一种新的、特别的学习方法。

二项式巧妙而简单的排列使我有时间决定是否从头开始攻读我的代数书。两三天时间里我已经擦亮了武器。加法减法自不必说，这些一看就非常简单。而乘法就难多了。有个公式证明负负得正，这个悖论让我吃尽了苦头！看来书上解释的不够清楚，或者说书上的方法太过抽象。我读了一遍又一遍，还是不明白：这就是书本普遍的缺点，它只能告诉你印在书本上的内容。如果你没有理解，它也不会给你任何建议，不会引你走向另一条通向光明的道路。有时哪怕一句话就能够指引你走上正确的道路，但是书本却不说，一味地坚持自己的表达方式。

口头授课可比这强多了！讲课时可进可退，可以重新开始，可以围绕难点用各种方法加以解释，直到明白为止。可我正是缺少老师的教导这种无与伦比的灯塔，我在符号规则的沼泽里渐渐沉没，却没有希望得到帮助。

我的学生肯定察觉到了。我凭借自己想到的一点儿线索，试着做了一番解释后，问道：

"你明白了吗？"

这是个无关紧要的问题，但却有益于节省时间。连我自己都不懂，我相信他也不会懂。

"不懂。"他回答道。也许他正在谴责自己不能领会这些卓越的真理。

"让我们再试试别的方法。"

我重新用这样或那样的方法进行证明。我的学生的眼睛是晴雨表，他告诉我每次的进展情况。一丝满意的眼神表明我成功了。我刚才击中了要害，找准了进攻点。负负得正的结果把它的秘密告诉了我。

我们就这样继续着我们的学习：他是个被动的接受者，毫不费力地获得了思想；而我是个辛苦的先锋者，击打着书本的岩石，多次熬夜只为获得真理。我还承担着另一个艰巨的角色：我要对深奥难懂的东西进行粗加工，剥去其粗糙的外表以便理解，使它不那么可怕。我喜欢把我的时间花在钻石加工的工作中，对这些珍贵的岩石进行提炼，我从中受益匪浅。

最后，我的学生通过了考试。书又被悄悄放回了原位，而现在归我所有的是另一本书。

在师范学校时，我在老师的指导下学了点儿初等几何学。从一开始我就比较喜欢这门学科。我可以想象出一种透过错综复杂的思绪指导推理的方法。我隐约看见了可以避免失足寻求真理的方法，因为向前迈出的每一步都有已经迈出的步子做支撑。我猜测几何学的完美就在于它是一种智力训练。

已经证明了的定理及其应用对我来说一点儿也不重要，让我感兴趣的是证明的过程。我们从非常明朗的一点开始，逐渐进入阴暗，然后又变得明朗起来，将我们引向一个新的高度。这是从已知到未知的不断演进，我所充当的就是：紧接着前面的灯笼之后，继续照亮后面道路的那盏明灯。

几何学应该教会我思维的逻辑步骤；它应该告诉我如何将一个难题分解成若干部分，一个个地加以解释，各部分结合在一起就能够推动那无法直接攻克的障碍；它还应该教我如何形成条理，这是理清头绪的基础。如果说我写的文章从来没有使读者读起来很费劲的话，很大程度上得归功于几何学这个教会人思维艺术的杰出老师。当然，它不提供想象这朵美丽的花朵，人们不知道这花朵怎样开放，而且它也不是在任何土壤里都能够茁壮成长的；但它能够理清复杂头绪，能够平息纷乱，能够删除繁杂，给人以明晰、比修辞学更高级的产物。

是的，作为笔耕者我的确收获颇多。我很愿意回忆见习期的那些美好时光。休息时间我就躲在校园的角落里，膝盖上铺一张纸，手握一截铅笔，推导着直线聚集在一起时的这样或那样的特性。别人在我周围玩耍，而我却沉浸在截棱锥的欢乐中。也许我应该练习跳跃来锻炼大腿肌肉，练习柔软体操来锻炼腰部柔韧性。我认识一些柔软体操演员，他们比思想家成功得多。

在我开始教书时，我已经很好地掌握了初等几何学知识。必要的时候我还能运用土地测量员的直角尺和标尺。我所了解的仅限于此。计算一根树干的体积，测量一只桶的容积，测量到无法到达的另一点的距离，这些在我看来是几何学知识的最高飞跃。还有更高的飞跃吗？我甚至想都没想过，一个意外发现使我明白，我所开垦的只是广阔领域中微不足道的一角。

那时，在我任教两年的那所中学，刚把班级一分为二，而且增加了员工。新来的老师和我一样住在学校，而且都在校长餐桌上吃饭。我们形成了一个蜂群，闲暇时候，我们在各自的蜂房中精心酿造代数、几何学、历史、物理、希腊语、特别是拉丁语的蜜，有时是为了备课，更多的时候是为了获得更高的学位。大学文凭缺乏多样化。我所有的同事都是文学业士，没有人有更高的文凭了。如果为了脱颖而出，他们必须进一步武装自己。大家都在努力工作。我是这个群体中最年轻的，但我也和别人一样渴望增长知识。

大家经常串门。我们会互相讨论一个难题，或只是单纯的聊聊天。我有个邻居，是个退役的军官，他厌倦了军营生活，转身投入教育事业。他作为连队的文职人员，曾或多或少地和数字打过交道；于是他雄心勃勃地想获得数学业士文凭。军队化管理使他的头脑变得僵化。据我那些爱散布别人不幸消息的亲爱的同事所说，他曾经参加过两次考试但都没通过。他倔强地重新拿起课本，并没因两次失败而气馁。

这并不是因为他被数学的美好所吸引，根本不是；是因为他渴望获得学位，从经济角度，他希望自己能够支配黄油和蔬菜。为了求知欲而热爱学习的人和像追逐肉一样追逐文凭的人是不可能相互理解，相互协作的。但是一次偶然的机会却促成了我们的协作。

我好几次在晚上碰到他，烛光下，他胳膊肘撑在桌上，手托着额头，对着一本记满深奥符号的笔记本沉思了很久。有时，当他想到了什么，他就拿起他的笔迅速写下一行字，那是些没有任何语法意义的大写字母、小写字母，字母 x，y 经常出现，中间还夹杂着一些数字。每一行后面都以等号和零结束。然后继续思考，闭上眼睛，然后又是以不同的顺序写下的一行新的字母，同样也以零结束。他这样奇怪地写了一页又一页，每一行的结果都是零。

有一天我问他："你列这些等于零的式子做什么？"

这位来自军营的数学家猜疑地看了我一眼，他眼角上狡黠的皱纹表明，他对我的无知感到同情。但这位写了很多零的同事并没有过分表现他的优越感，他告诉我他正在做解析几何。

他的回答对我产生了奇怪的影响。我陷入了沉思：还有一门更高级的几何学，通过字母 x，y 的结合起着突出的作用。我的这位邻居长时间沉思，用双手托着额头是为了发现隐藏在这些天书中的意义；他看见这些运算式代表的图形在空中舞蹈。他发现了什么？这些以一种或另一种方式排列的字母符号，如何代表只有思想之眼才能看见的图形呢？我不明白。

我说："改天我也想学解析几何，你会帮助我吗？"

他带着一丝微笑回答道："我非常愿意。"似乎不大相信我的决定。

这无所谓；那天晚上我们达成了协议。我们将一起开垦代数和作为数学学位基础科目的解析几何。他的深思熟虑和我的热情结合在一起。等我获得文学业士文凭后我们就立刻开始，这是我的当务之急。

在很久以前有个规定，学习理科之前，必须先学一些重要的文学作品；在接触化学药品或机械操纵杆之前，必须先熟悉古代先哲的思想，与贺拉斯、维吉尔、忒奥克里托斯、柏拉图对话。这些准备工作会让思维更加敏捷。随着进步的需要，贪婪的欲望对人的折磨已经改变了这一切。规范的语言算什么！生意重于一切！

速成本该符合我的急性子。我承认我那时候低声抱怨，在我开始接触正弦、余弦之前，应该先学习拉丁语和希腊语的规矩。如今，由于年龄和经历的增长变得日趋成熟的我有了不同的观点。我非常后悔我没有得到全面的文学指导和深入学习。为了弥补这巨大的缺陷，我恭敬地回过头来读这些通常只有在旧书店才有的古书。年轻时候的夜晚用铅笔标注的令人敬仰的书页啊，我又找到了你们，你们是我的朋友。你们教会了我任何一个笔耕者都必须承担的责任：要言之有物，要引人入胜。如果标题属于自然科学范畴，其趣味性是有保证的；最难的就是删去令人望而生畏的字眼，使它讨人喜欢。有人说，真理赤裸着来自井底。我同意，但我也承认穿着体面的衣服会更好。它需要的并不是从修辞学的衣橱中借来的花哨俗丽的装饰，但至少有一片葡萄叶。只有几何学家有剥夺它那几件简单衣服的权利。对于几何定理，明白就足够了。而其他学科，尤其是博物学家，他们有责任在真理的腰间系上一条优美的薄纱长裙。

如果我说：

"浸礼会教徒，把我的拖鞋拿给我。"

我是在以一种直白的、不太富于变化的语言来表达。我非常清楚我在说什么，我的话也被理解了。

很多人主张，这种简单的方式是最好的。他们向读者谈论科学就像向浸礼会教徒谈论拖鞋一样。非洲黑人的句法并没有使他们震惊。不要和他们谈精心挑选词汇的重要性以及词序的得体；更不要和他们谈韵律结构听起来更加悦耳。他们认为这一切幼稚荒唐，是缺乏远见者的无用想法！

也许他们是对的：浸礼会教徒的语言既省时又省事。但我不喜欢这种便利，我认为以清楚明了、朴实形象的语言来表达会更出色。要在恰当的地方使用恰当的词来简洁明了地表达思想，需要花工夫来选择这样的词。有的文章用词乏味单调，有的用词色彩鲜明，就像用画笔在灰色的画布上点缀了一个个色块。我们如何能找到这些生动的词语，那些引人注目的线条呢？我们如何才能将它们组合成句法讲究又悦耳的语言呢？

我没有学习过这种艺术。而且，在学校里会教这种艺术吗？这很值得怀疑。如果不是靠我们血管里流淌的激情，如果不是靠我们的灵感，去翻阅那些词典是没有用的；我们寻找的词是不会来到笔端的。那求助于什么样的老师才能启发潜藏于我们内心深处的萌芽，并使其得到发展呢？书本。

小时候，我一直是一位热心的读者，但我很少关心语言处理的细节：我不理解这种细腻之处。后来，差不多到十五岁时，我开始隐约感觉到词语的神韵。就其含义和韵律共鸣而言，有些词比另一些词更令我满意；它们在我脑中形成了清晰的画面；它们以自己的方式向我描述了所表达的画面。形容词使其色彩鲜明，动词使其充满活力，名词使其栩栩如生，它所表达的我都能看见。因此，当我在没有人指导的阅读中有机会读到一些易懂的文章时，我便渐渐发现了语言的魅力。

数学忆事：我的小桌

　　学习解析几何的时候到了。我的合作者——那位数学家现在可以来了。我想我会理解他所讲的内容的。我已经大致浏览了书本，发现了我们的研究课题，它具有娱乐性，而且不是非常难懂。

　　我们在房间里的一块黑板前开始。经过几个晚上的沉思学习后，我惊奇地发现，我的老师——这位读天书的高手，经常成了我的学生。他并不是非常清楚横坐标和纵坐标的组合。我大胆地拿起了粉笔，掌起了代数这条船的船舵。我讲解课本，以我自己的方式进行讲解，我探索着暗礁直到天明，它将我们带向安全地带。而且，逻辑推理是那么无法令人抗拒，步伐那么轻快明晰，好几次我都觉得是在回忆而不是在学习。

　　我们就这样继续学习着，但是互换了角色。我敲击凝灰岩，将它敲碎，刨松，直至思想能够深入。我的同伴，现在我可以用同伴这个平等的称呼了，他听，提出异议，我们一起去解决问题。在插入岩石裂缝的两根杠杆的合力作用下，巨石被推倒了。

我再也看不到军官眼角边上那狡黠的皱纹了。如今，坦诚的合作和有感染力的精神带来了成功。黎明渐渐到来，虽然还很朦胧，但却充满希望。我们俩都惊叹不已，而且我的满足感是双重的，因为我自己明白了，也让别人明白了。这样的欢快时光即将过去。当我们困意袭来、眼皮发沉时，我们才停下来。

当我的同伴回到房间后是否睡觉了呢，是否不再去想刚才我们想到的场景？他告诉我他睡得很好，而我没有这种优越性。我无法像擦黑板一样抹去我可怜大脑里的思想。思维的网络一直在工作，它就像一个晃动的蜘蛛网，我无法在上面休息，因为无法找到平衡。当睡意来临时，我也经常是似睡非睡的状态，思维活动并没有停下来，反而比醒着的时候更加活跃。这时并不是大脑休息的时候，我经常在此时解决前一天未能解决的难题。我的头脑里点起了一盏明灯，但我却对此毫无意识。然后我突然离开床，打开灯，赶紧记下我的想法，不然等我醒来时就想不起来了。这盏明灯就像闪电一样，来得快消失得也快。

它们从何而来？也许来自我很早养成的生活习惯：我一直向脑子里储备粮食，为思想之光倾倒永不干涸的油。你愿意靠思想获得成功吗？万无一失的方法就是不停地思考。我比我的同伴更勤于采用这个方法，因此才会有角色互换，学生变成了老师。这并不是用脑过度，并不是难以忍受的困扰；而是一种消遣，可以与诗媲美。在《光和阴影》这本书的序言中，伟大的诗人写道：

"数学存在于艺术中，也存在于科学中。代数存在于天文学中，天文学类似于诗；代数存在于音乐中，音乐类似于诗。"

这是诗人的夸大其词吗？当然不是。维克多·雨果说得对，代数——这数字排列的诗迸发着极美的热情。我看着它的格式，它的诗节极其华美，别人有不同的看法我也不觉得惊讶。当我不谨慎地将超几何学的狂想吐露给我的同伴时，他那嘲讽的眼神又出现了。

他说："无稽之谈，纯粹是无稽之谈，让我们继续我们的正切线吧。"

军官是对的：严格的考试就要临近，这不容许梦想者如此冲动。那我错了吗？在理想的熔炉中加热算术中淡忘了的东西，将思维上升到公式，让抽象的空洞里充满生活的阳光，这难道不是洞察未知世界的一种轻松的方法吗？我的同伴缓慢前进、对我的想法不屑一顾时，我却在完成愉快的旅程。我倚靠着代数这根坚硬的拐杖，我有内驱力做向导，鼓励着我前进。学习变成了一种乐趣。

在学完直线组合的角度后，我开始学着描绘优美的曲线，这就更有意思了。圆规具有那么多未知的特性，方程式中包含那么多科学定律的萌芽，从这个神秘的内核中一定能在艺术上推导出丰富的定理！在这一项前面加个"＋"号，通过两个友好的焦点，引出恒定的向量，会得到椭圆形，行星的轨道；在这一项前面加个"－"号，得到的是反向双曲线，绝望的曲线像无限长的触手在空间延伸，越来越接近直线，那是永远无法相交的渐近线。去掉这一项，得到的是抛物线，它徒劳地在无限的空间里寻找另一个失去了的焦点，这是导弹的曲线；是彗星某天访问太阳时的轨迹，之后彗星便消失了，再也不回来了。像这样画星球的轨道不是很神奇吗？我之前这么认为，现在仍然这么认为。

十五个月的练习之后，我们一起去蒙彼利埃大学参加考试，我们都获得了数理科学文凭。我的同伴已经筋疲力尽，而我却从解析几何中恢复了活力。

经历了二次曲线的课程之后，我的同伴已经完全筋疲力尽，他说他不想再学了。我以新的数学学士学位的闪耀前景诱惑他，它将会把我们引向天体力学，但仍是徒劳，我无法说服他和我一起分享我的大胆计划。他说这是个荒谬的计划，将耗尽我们的精力而一无所获。没有经验丰富的向导的指引，只有一本全是固定不变的简单术语、并不总是很清楚明白的书，我们这条小船一触礁就会沉没。他向我解释着他拒绝的理由，就算术语没有难倒我们，也肯定会遇到许多难题的。在远方哪怕被摔死，那是我的自由；而他如此谨慎小心，是不会再跟随我的。

我猜测还有另外一个原因，我的逃亡者没有说出来。他刚刚获得了有利于实现他的计划的职衔。那别的东西他还在乎吗？仅仅为了学习的乐趣而饱受熬夜之苦，弄得筋疲力尽，这样值得吗？不为利益所惑，专注于知识的人肯定是疯子。让我们缩进贝壳，闭上螺厣，以软体动物的方式生活。这便是快乐自在的秘诀。

这不是我的哲学思想。当我完成一段旅程后，感兴趣的是做好准备，踏上一段新的未知的旅程。我的同伴离开了我，从此我孤身一人，孤苦伶仃。再没有人和我一起在愉快的交谈中讨论问题；我的周围没有人能够理解我，也没有人能够提出反对意见来和我进行辩论，那辩论能闪现出光芒，就像火石冲击迸发出的火花一样。当困难像悬崖峭壁一样挡在我的面前时，没有朋友的肩膀支持我去攀登。我不得不独自一人在崎岖的山上攀登，经常会跌倒，摔得鼻青脸肿，也只能爬起来继续前进；我独自一人，没有加油声和鼓励声，当我到达顶峰时，我筋疲力尽，但终于可以看得更远了。

数学耗费了我不少脑力，我刚开始读那本书时就意识到了这一点。我正在进入一个抽象的领域，这是一块要靠坚持不懈的思考去耕耘的坚硬土地。和朋友一起研究解析几何时，适合画曲线的黑板如今已经被冷落了。我更喜欢用纸张包一个封面做成的练习本。有了它我就可以坐着，让腿得到休息了，我可以在台灯下学习到深夜，使思想得到锻造，使难以解决的问题在此得到融化，得到锤炼。

我的写字台的右边放着一瓶一便士的墨水，左边放着打开的笔记本，剩下的地方正好用来执笔写字。我喜欢这张小桌子，这是结婚时的财产之一。它可以任意挪动：阴天时挪到窗前；太阳强烈时挪到光线较弱的角落；冬天挪到燃烧着柴火的炉边。

可怜的核桃木小木板，我已经忠实地和你相伴半个多世纪了。你的身上有了墨水的印记，有了小刀的划痕，但你仍像以前支撑我解方程式那样支撑着我写散文。你的用途改变了，但你那吃苦耐劳的脊背仍像迎接代数式那样迎接着思想的表达式。我却没有这份平静，我发现这次改变并没有使我获得平和，捕捉困扰脑际的种种烦恼比求解方程式更加困难。

朋友，如果你看到我一头灰发，你可能会认不出我了。从前那张洋溢着热情和希望的脸哪里去了？我上了年纪了。当我刚从商人手中把你买回来时，你闪亮、光滑，并且散发着蜂蜡的香味，而你现在变得破旧不堪！和你的主人一样，你也长了皱纹，我承认，那是我的长期工作的结果。当笔尖蘸了墨水仍写不出字来时，我曾经多少次不耐烦地用笔尖在你脊背上划过啊！

你的一个角已经缺损，木板也开始变得松散。我经常听见窃蠹啃噬你的声音。每年都会出现新的蛀槽，使你变得不牢固。旧的蛀槽向外敞开呈小圆洞状。外来者毫不费力地占领了这些好的居所。我看到这个大胆的闯入者迅速从我胳膊肘下溜过，钻进窃蠹留下的蛀槽中。这是个身材纤细、身穿黑衣的猎手，它正要为它的幼虫收集潮虫。我的旧桌子，一群居民正在开发利用你；我在一群昆虫身上写字！没有什么比这张桌子更适合写昆虫学传记了。

如果你的主人不在了，你将会怎样呢？你会在家人分摊我那可怜的财产时，以一法郎的价格降价卖出吗？你会变成用来切碎甘蓝的砧板吗？或者我的孩子们达成一致说：

"让我们留下这个遗物吧。就是在这张桌子上，他曾经孜孜不倦地学习，并使自己能够教会别人；就是在这张桌子上，他耗尽精力把我们养大。我们留下这张神圣的桌子吧。"

我不敢相信你有这样的未来。噢，我的老朋友，你会落入陌生人之手；你会变成一张床头柜，上面装着一碗碗的汤药碗，直到你破旧不堪，快要散架时，你会化作青烟，和我辛苦劳动化作的那股青烟一起消失，在我们最后安息的地方被遗忘。

亲爱的小桌子，还是让我们回想一下年轻时代吧。那时你打了蜡，光彩熠熠，而我也充满了美好的幻想。那是一个星期天，是休息日，也就是说可以连续不断地工作，而不用被学校的工作所打扰。我更喜欢星期四，因为它不是假日，更适合安静地学习。虽然如此，礼拜日还是给了我一些闲暇时间。让我们充分利用它。一年有五十二个礼拜日，几乎相当于一个长假的时间。

今天我有个绝妙的问题要谈论，那就是开普勒的行星运动三大定律，通过计算研究得出的三大定律向我展示了天体力学的基本原理。其中一个定律说：

"在相等时间内，太阳和运动着的行星的连线所扫过的面积都是相等的。"

由此我可以推导出，使行星保持在轨道上运行的力是指向太阳的。公式已经表明，行星被微积分和积分方程所吸引。我变得更加专注，思想集中是为了得到真理之光。

突然从远处传来嘣嘣嘣的声音。声音越来越近，越来越响。唉，讨厌的"欢乐园"！

让我来解释一下。我住在郊区——佩尔纳公路口的一个镇上，远离城市的喧嚣。在我住所前的二十码的地方开了家酒吧，挂着"欢乐园"的招牌。附近农场的少男少女们会在每个星期天的下午来到这里跳舞。为了吸引顾客，推销他们的饮料，老板会在舞会结束时举行抽奖活动。提前两个小时，他就让人拿着奖品走在公共道路上，有横笛声和锣鼓声开道。一个结实的小伙子举着一根竿子，上面系有红色彩带，挂着镀金高脚杯、里昂方巾、一对烛台和几包香烟。有这样的诱惑，谁会不进入这家酒吧呢？

"嘣！嘣！嘣！"行进队伍吹吹打打。

队伍来到了我的窗下，右拐进入那座宽敞的、有万年青环绕的木板建筑。如果你怕吵，那就躲得越远越好。低音大号的号角声、横笛声和短号声会持续到深夜。在这里推导开普勒的三大定律，我会发疯的！让我们赶紧离开。

我知道离这里一英里的地方有一块荒地，蝗虫很喜欢那里。那里很安静，而且有圣栎丛可以给我遮阴。我带了书、几张纸和一支铅笔来到了这里。这里好安静啊！但是阳光太强烈了。加油，小伙子！在蓝翅蝗虫的陪伴下钻研三大定律吧。你要回去了，题目解出来了，可皮肤却起泡了。脖子被暴晒是钻研天体力学的后果，后者是对前者的补偿。

一周的其他时间中，周四和晚上我也用来学习，一直学到困得不行。尽管有学校的工作缠身，但我并不缺少时间，关键是一开始不能因不得已的困难而气馁。我极易在这布满攀援植物的茂密森林中迷路，我得用斧子砍断蔓藤开出一条道路来。几次迷路后我又重新回到了正确的道路上，然后我又迷路了。我顽强地用斧子开辟道路，可还是找不到满意的线索。

书本只是书本，也就是说，一句话其实包含了很多学问，这点我承认，可是它经常太过晦涩难懂。好像作者是为他自己而写，他明白，别人也该明白。可怜的新手，你只有靠自己，尽可能地去理解。对于你们来说，没有别的回避遇到的困难的办法；没有能够减少坎坷、指明方向的道路；没有能够透过一丝光线的辅助洞口。这远不像口头表达那样，能够用新的方法去攻克难题；能够通过其他途径指引你走向光明。书本只会告诉你书上所写的东西，仅此而已。作者完成论证后，不管你懂或不懂，这位哲人都沉默不语了。你再读一遍，苦思冥想；你一次又一次在计算的脉络里穿梭。但仍是徒劳，黑暗仍继续。通常所需的照明器是什么呢？经常只是微不足道的一句话，可这句话在书上永远不会有。

能够得到老师指点的学生是多么幸运啊！他不会知道遇上令人厌烦的拦路虎时的痛苦。遇上挡住去路的讨厌的高墙该怎么办？我听从阿朗伯特给年轻数学家的建议，这个伟大的几何学家说：

"要有信心，勇往直前。"

我有信心，也有勇往直前的勇气。我很幸运，经常翻过墙就能够找到想寻找的线索。丢掉错误的线索继续前进，寻找能够引爆它的炸药。一开始是个小颗粒，小颗粒越滚越大，从一个定理的斜坡滚向另一个定理的斜坡，逐渐变成了一个大团，威力巨大，它倒退着向后抛，劈开黑暗，呈现出一片光明。

只要你不过分滥用，阿朗伯特的箴言是很有益的。太过仓促翻阅这本晦涩难懂的书，你可能会非常失望。在扔掉它之前你应该和困难作斗争。这种艰苦的训练会培养出机敏的才智。

在我的小桌旁，经过十二个月的沉思，我终于获得了数学学士学位，而且我能在半个世纪后担负起蛛网丈量这个获利颇多的工作。

童年的回忆

在那个遍布昆虫和鸟类的童年时代，我喜欢用山楂树当床，将鳃角金龟和金匠花金龟放在扎了孔的纸盒里，将纸盒放在床上喂养。鸟巢、鸟蛋和那有着黄色鸟喙的小鸟不可抗拒地吸引着我；蘑菇很早就以它丰富多彩的形状和颜色俘获了我的心。我仍然记得我——那个天真的小男孩第一次穿上吊带裤、开始阅读难以理解的书籍时，就像第一次发现鸟窝、第一次采到蘑菇那样着迷。让我们来讲述讲述这些重大的事情，老年人总喜欢回忆过去。

当我的好奇心开始苏醒，并从无意识的朦胧状态摆脱出来时，那是多么欢乐的时光啊，遥远的记忆带我重新回到了那最美好的岁月。正在休息的一窝山鹑受到路人的惊吓，迅速向四处散开；像匆忙的小绒球一样赶紧逃开，消失在荆棘丛中；但恢复平静后，随着第一声召唤，它们又都回到了母亲的翅膀下。这些唤起了我童年的记忆，往事就像一群幼鸟，被生活的荆棘粘掉了羽毛。其中有一些好不容易从灌木丛中逃了出来，撞疼了头，走路也踉踉跄跄；有一些不见了，在昏暗的荆棘丛角落窒息而死；还有一些仍然充满活力。而在摆脱了时光流逝的那些记忆中，最富生机的是那些最早发生的事。这些事在儿时记忆的软蜡上留下印记，已经变成了青铜般永恒不变的记忆。

那天，我不仅有一个苹果作为午餐，而且还有自由活动的时间。我决定去附近的小山坡上看看，迄今为止它被我看作是世界的边缘。山坡上有一排树，它们背对着风，弯着腰不停摇摆，就像要被连根拔起飞走似的。不知道有多少次，我从我家的小窗户望去，看见它们在暴风雨中频频点头；北风席卷而来，滚滚雪暴从山坡上滑过，不知道有多少次，我看见它们被雪暴撼动而疯狂地摇晃着。这些孤独的树木们在山顶上做什么呢？我对它们柔软的脊背很感兴趣，今天还静静地直立在蓝天下，明天当云彩飘过时它们便会摇晃起来。我为它们的冷静感到高兴，也为它们惊恐的样子感到沮丧。它们是我的朋友。我每天、每时都能看到它们。早晨，太阳从透明的天幕后升起，发出耀眼的光芒。太阳从何处来呢？当我登上高处后，我可能就会明白了。

我爬上了山坡。草地被羊群啃得稀稀疏疏。没有荆棘，不然我的衣服肯定会划得全是口子，回家后还得解释此事；没有岩石，不然攀登时可能还有危险；除了一些稀稀落落的大石头外什么也没有。我只要在平坦的大路上一直走就行了。但这里的草地像屋顶一样倾斜，斜坡很长很长，而我的腿很短。我不时地往上看。我的朋友们，那些在山坡上的树木们，它们看起来并没有靠近。加油，小伙子！继续攀登！

我的脚边是什么？一只可爱的小鸟刚从大石头下的藏身处飞出来。我真的很幸运，这里有一个用毛和细草做成的鸟窝。这是我发现的第一个鸟窝，也是鸟类给我带来的第一次欢乐。鸟窝里有六只鸟蛋，依次紧挨在一起；蛋壳是一种美丽的蓝色，就像在蔚蓝色的染料中浸染过一样。我完全沉浸其中，趴在草地上观察起来。

这时，雌鸟发出了"塔克""塔克"的声音，惊慌失措地从一块石头飞到另一块石头。那时的我还不懂得什么叫同情，还未开化，无法理解母亲那焦躁不安的心情。一个抓小动物的计划涌入脑海。我想两周后再回来，趁它们飞走之前来偷走雏鸟。而此时，我先拿走一个漂亮的蓝色鸟蛋，就拿一个作为纪念。我生怕把鸟蛋压破，便将脆弱的鸟蛋用一些苔藓垫着放在手里。就让那些童年没有体味过发现鸟窝时那种欢喜之情的人来指责我吧。

我生怕一脚踩空将这个纤弱的小生命摔坏，因此我决定不再往上爬了，改天再去看有太阳升起的山顶的树木吧。我走下山坡，在山脚下遇到了一边散步一边诵读祈祷书的教区牧师。他看到我如此严肃地走路，像一个搬运圣物者一样；

他看到我的手藏到背后，问道：

"孩子，你手里拿着什么？"

我窘迫地张开双手，露出那躺在苔藓上的蓝色的蛋。

他严肃地说道："啊！是'岩生'，你从哪里弄来的？"

"就在那儿，山上的石头下。"

他连连追问，我承认了自己的小过失。我是偶然发现这个鸟窝的，并不是特意去找的。里面有六个蛋，我只拿了一个，我在等其他的蛋孵出。等小鸟长出翮羽时我再回来。

牧师说道："小朋友，你不能那么做，你不能从母亲那儿偷走它的孩子；你应该尊重这些无辜的小鸟；你应该让上帝的小鸟长大并从鸟窝中飞出。它们是庄稼的朋友，能够清除害虫。乖孩子，以后不要碰那个鸟窝了。"

我答应了，牧师继续去散步了。回到家后，那两颗优良的种子插入我孩童时代还未开化的脑海中，牧师命令式的话语告诉我糟蹋鸟窝是一种坏行为。我还不明白小鸟是如何帮助我们消灭破坏庄稼的害虫的，但在我的心灵深处，我已经知道让母亲感到悲伤是不对的。

牧师看到我的发现物时说道："岩生。"

我心想："看，动物也和我们一样有名字。谁给它们命名的？在树林和牧场上我认识的其他东西叫什么？岩生是什么意思？"

几年过去了，拉丁语告诉我，岩生意味着生活在岩石中。确实，我出神地盯着那窝鸟蛋时，那只鸟是从一块岩石飞向另一块岩石；它的家，它的鸟窝用凸出的石板作为屋顶。我从书中进一步了解到，这种喜欢多石山坡的鸟也叫做土坷垃鸟，因为在耕作的季节，它从一块泥土飞到另一块泥土，观察着犁沟里挖出的虫子。最终，我知道了普罗旺斯语称之为白尾鸟，它飞过田野时，展开的尾巴像白色的蝴蝶，这个名称很形象生动。

如此产生的词汇也将有一天使我能够使用它们的真实姓名，和田野这个舞台上的成千上万的演员、路边冲我微小的小花打招呼了。牧师随口说出的那个词向我展示了一个有着真实姓名的植物和动物的世界。还是把解读浩瀚词汇的任务留到将来去做吧；今天，我将要回忆一下岩生这个词。

在我们村庄西面的山坡上层层分布的李子和苹果成熟了，鼓凸的矮墙上布满了密密麻麻的地衣和苔藓，围起了层层梯田。斜坡下有一条小溪，几乎在任何地方都能一步跳到对岸。在水面开阔的地方，有一些平坦的石头露出水面，人们可以踩着石头渡过小溪。这里没有太深的涡旋，当孩子不见时，母亲也不必担心孩子会跌落涡流；溪水最深也不没过膝盖。亲爱的小溪，你那么平静，那么清凉，那么纯净。我见过浩瀚的河流，见过无边无际的大海，但在我的记忆中没有什么能和你的涓涓细流相比。因为你给我的第一印象是如此神圣美好。

一位磨坊主想利用这条穿过牧场的欢快的溪流，在半山坡就着坡的斜度开出一条沟渠，使一部分水分流，将水引进一个蓄水池，为他的磨盘提供动力。这个坐落在人来人往小径边的水池最终被围墙围了起来。

一天，我骑在一位同伴的肩膀上，从那长满蕨草、阴沉沉的围墙向里张望，看到的是深不见底的死水，上面还漂浮着黏糊糊的绿毛。在这黏黏的绿毯的空隙里，一种黑黄色的爬行动物懒洋洋地游着。如今我应该称它为蝾螈。那时我觉得它像眼镜蛇和龙的儿子，就是夜晚睡觉时讲的、令人毛骨悚然的故事里的怪物。噢！我看不下去了，让我们赶紧走！

水汇成了溪流。岸边的桤木和白蜡树弯下了腰，枝叶相互缠绕，形成了葱郁的绿荫穹窿。脚下树根盘根错节，构成了门厅，门厅向里是幽暗的长廊，这是水生动物的藏身地。透过树叶的缝隙阳光照射进来，在门口形成了椭圆形的光点。

这是红脖子鲦鱼常来的地方。我们轻轻向前移动，趴在地上观察。这些喉部鲜红的小鱼好漂亮啊！它们肩并肩地逆流游着，腮帮子一鼓一瘪，一直连续不断地漱口。为了在水中保持静止不动，它们只需轻轻地摆动尾巴。一片落叶落入了水中。嗖！鱼群消失了。

小溪的另一边是一片山毛榉林，树干光滑笔直，像柱子一样。在伟岸的隐蔽的枝叶间，乌鸦呱呱叫着，它们从翅膀上拔下被新羽毛替换的旧羽毛。地上铺满了苔藓。我在这柔软的地毯上才走了几步就发现了一个蘑菇，这个蘑菇还未完全开放，看上去像随处闲逛的母鸡丢下的蛋。这是我第一次采到蘑菇，第一次拿在手上翻来覆去看，好奇地观察它的构造，正是这种好奇心唤醒了我观察的欲望。

很快我便发现了各种大小、形状和颜色的蘑菇。这让我大开眼界。有的像铃铛，有的像熄灯罩，有的像杯子；有的长得像纺锤，有的凹陷得像漏斗，有的圆圆的像半球。我看到有一些蘑菇坏了，流着乳白色的眼泪；我踩到一些蘑菇，它们立刻变成了蓝色；我还看到一些大蘑菇上有虫子在爬。还有一种蘑菇形状像栗子，干干的，顶上开了个圆孔，当我用手指碰它们下侧时，它们会像从烟囱中一样冒出一缕烟。这是最奇怪的了。我装了一些在口袋里，可以在闲暇时候使它冒烟玩，当里面的东西耗尽后，就只剩下一团火绒似的东西。

这片小树林给了我多少欢乐啊！自从我第一次发现蘑菇后，我又去了好几次。在那里，在乌鸦的陪伴下，我获得了关于蘑菇的知识。我采了很多蘑菇，但这些蘑菇都没有被家人采用。被我们称为"布雷道尔"的蘑菇名声不好，说是吃了会中毒。因此母亲便将它们从餐桌上清除了。我很难理解如此可爱的蘑菇怎么会如此恶毒；但我最终还是相信了家人的经验；尽管我冒失地和这种毒物打交道都没有发生什么意外。

我多次来到山毛榉树林，并将我的发现物分成了三类。第一类是数目最多的，这种蘑菇的底部带有环状叶片。第二类的下表面衬有一层厚垫，带有很多难以看清的洞眼。第三类蘑菇有像猫舌头上的乳突一样的小尖头。为了方便记忆，需要找出一定的规律，这使我发明了一种分类法。

很久以后我得到了一些书，从书上得知我所归纳的那三种类型早就有人知道了；而且还有拉丁语名称，我并不失望。拉丁文使蘑菇变得高贵了；教区长颂弥撒曲时所用的古老语言也给蘑菇带来了荣耀，蘑菇的形象变得高大了。想必它是真的重要，才配得上学术上的称号。

那些书还告诉我，那个曾经引起我兴趣的烟囱冒烟的蘑菇叫做狼屁，我不喜欢这个名字，觉得很粗俗。它还有个得体的名称，叫做丽高释东，但这只是表面现象，因为从拉丁语词根上讲丽高释东就是狼屁的意思。植物志里存在着大量并不总是适合翻译的名称。古人流传下来的东西不如我们如今的那么严谨，植物学经常不顾文明道德保留那些粗鲁的词汇。

对蘑菇表现出独特好奇心的童年已经离我非常遥远了！贺拉斯曾说过："岁月如梭！"是的，岁月飞逝，特别是岁月快到尽头的时候！岁月曾经是快乐的小溪，顺着感觉不到的坡面晃悠悠地穿过柳树林；如今却有无数残骸在上面盘旋，奔向深渊。光阴飞逝，让我们好好利用吧。夜晚，伐木者急忙捆好最后的柴把。我也是科学森林中的一名普通伐木者，在风烛残年之时，我也要赶紧整理好我的那捆柴把。在昆虫本能的研究中我还有什么要做呢？似乎没什么了；顶多只剩下一两扇打开的窗户，窗口朝向的那个世界还未被开发利用，这值得我们去关注。

我童年时代就喜爱的植物——蘑菇将有更糟糕的命运。我一直关注着它们。直到今天，我仍会迈着蹒跚的步伐，在秋天晴朗的下午去看望它们。我仍然喜欢看从欧石楠地毯上冒出的大脑袋牛肝菌、柱形伞菌和红色珊瑚菌。

塞里昂是我的最后一站，那里的蘑菇吸引了我。周围长有茂密的圣栎树、野草莓树和迷迭香的山坡上全是蘑菇。这几年来，如此丰富的蘑菇使我想到了一个疯狂的计划：将那些无法按原样保存的蘑菇以模拟画形式收集起来。我将我身边的大大小小的蘑菇按照实际尺寸画了下来。我不懂水彩画，但没关系，不曾做过的事也可以试着去做。一开始做得不好，然后会越做越好，最后会做得很好。绘画还能够缓解每天的烦闷。

最后，我画了几百幅蘑菇图，图画上的蘑菇的大小和颜色都和实际中的一样。这些收集是有一定的价值的。如果在绘画的艺术手法上有所欠缺，它至少是真实准确的。这些画引来了一些参观者周日前来参观，都是些乡亲们，他们天真地看着这些画，惊讶于这些画是用手画出来的，而没有借助于模子和圆规。他们一眼就认出我画的是什么蘑菇；他们告诉我它的俗名，这正证明了我画得很逼真。

如此辛苦得来的这一大摞水彩画会变成什么呢？我的家人可能一开始会把它作为遗物珍藏；但它占据了太多空间，迟早会从一个柜子搬到另一个柜子，从一个阁楼搬到另一个阁楼，被老鼠啃咬，被弄脏被污染，最终落入某个远方侄孙手中，他将会把图画裁成正方形用来折纸。我们抱着幻想真挚爱护过的东西最终会遭到无情的现实的踩躏。

昆虫与蘑菇

如果这个问题没有昆虫的加入，而是一直回忆我与牛肝菌和伞菌的不解之缘，就会有些不合适。有些菌类是可食用的，有些甚至很出名；而有些菌类是可怕的菌毒。如果缺少那些并非对人人都触手可及的植物的研究，我们如何区分有毒无毒呢？广为流传的观念是，能够被昆虫以及幼虫、蠕虫所接受的菌类都可以放心采用；凡是被昆虫以及幼虫、蠕虫所拒绝的菌类必须拒绝。昆虫的健康食品同样也是我们的健康食品，对昆虫有害的食品一定也对我们有害。这是人们凭借表面的逻辑关系得到的结论，而没有考虑到不同动物的胃的消化能力。那这个观念是否站得住脚？这正是我想要研究的。

昆虫，特别是幼虫状态的昆虫，是蘑菇最主要的开发者。昆虫的消费者分为两类。一类是真的在吃蘑菇，也就是说它们将蘑菇一点点地咬下去，然后咀嚼并吞咽下去；另一类是将食物变成汤后再吸食，就像肉蓝蝇一样。第一类消费者数量较少，仅从我在附近观察得到的结果来看，这类昆虫有：四种鞘翅目昆虫和衣蛾的毛虫，还有软体动物、鼻涕虫，或者更确切地说是棕色外套膜边缘有红色花边的、中等大小的蛞蝓。总之，这类昆虫数目不多，但非常活跃大胆，尤其是衣蛾。

在喜欢吃蘑菇的鞘翅目昆虫中，有一种身穿红蓝黑三色衣服的隐形虫应该排在首位。它和它的幼虫靠着后部的一根柱子支撑行走，它们经常光顾杨树伞菌，专供单种饮食。我经常在春天和秋天、在这种伞菌上遇到它们。它的选择很有眼光，不愧是个美食家。杨树伞菌是最好的伞菌之一，虽然它的颜色白得有点可疑，外表经常有裂痕，菌褶周围附着有红棕色的孢子，显得有点脏。我们千万不能以貌取人，也不能以貌取蘑菇。有些形状漂亮色彩鲜艳的是有毒的，而有些外表难看的却是好的蘑菇。

有两种专门吃蘑菇的鞘翅目昆虫，它们体型都很小。其中一种是特里普拉克斯虫，它的头部和前胸是橘色的，鞘翅是黑色的，它的幼虫吃带刺多孔菌。这种菌很肥大，菌上长着坚硬的毛，侧贴在桑树的树干上，有时也贴在胡桃树和榆树上。另一种是肉桂色的球罩甲，它的幼虫专门生长在块菌上。吃蘑菇的鞘翅目昆虫最感兴趣的是包尔波塞虫，我曾经在别处描述过它的生活方式，它的歌声像小鸟一样，它为了寻找惯用的地下蘑菇而挖掘了垂直洞穴。它也是块菌的热心爱好者，我曾经从住在洞底的包尔波赛虫的爪足间取走一块真正的榛子大小的块菌。我试图喂养它，以便知道它的幼虫是什么样子；我将它放在一个装满新鲜沙土的罐子里，罩上罩子。由于我没有地下菌和块菌，我便用各种较硬、有点儿像块菌的蘑菇来喂养它们，有马鞍菌、珊瑚菌、鸡油菌和盘菌，但它都拒绝食用。

我用一种像小马铃薯一样的须腹菌来喂养它，这种菌类常见于松林的浅土层甚至地表。这次终于成功了。我在饲养笼里撒了一把这种植物。夜晚，我好几次看到包尔波赛虫从洞里出来在沙土里搜寻，要选择一块不太大、能够拖得动的食物，然后轻轻地将它滚回家中。它自己进入家中，而将食物留在门口，这个食物太大了无法塞进家门。第二天，我发现这个食物被啃咬过了，但只是下面被啃咬过了。

包尔波赛虫不喜欢在露天的公共场合进食，它需要在地下室的隐蔽处小心进食。如果在地下找不到食物，它们就会到上面来寻找。找到适合它口味的食物后，如果大小合适，它便把食物运回家；如果食物太大，它只能把食物留在地洞门口，它便不再露面，而是从下面开始啃咬食物。到目前为止，我只知道它们吃地下菌、块菌和须腹菌。这三种食物证明，包尔波赛虫不像巨须隐形虫那样只吃一种食物，它能够变化食谱，可能它会不加区别地食用所有地下菌。

衣蛾的进食范围更广。它的毛虫长约五至六毫米，身体呈白色，头部发黑发亮。在许多菌类中能发现大量的衣蛾幼虫。它最喜欢吃菌柄，因为菌柄有一种说不出来的味儿，这种味儿从菌柄一直向菌盖扩散。它们通常寄居在牛肝菌、伞菌、乳菇和红菇上。除了某些菌科的某种菌外，它们什么都吃。这个弱小的幼虫会在被攻击过的蘑菇下织一个小小的白蚕茧，然后会变成一只小小的蛾。这种幼虫是菌类最主要的开发者。

还有一个值得一提的贪吃的软体动物，它们吃各类蘑菇。它们在蘑菇内做一个宽敞的窝，满心欢喜地在窝里吃东西。和其他开发者相比，它们的数量不多，经常离群索居。它们的颌像一把锋利的刨刀，在蘑菇内挖出一个大洞，这样造成的破坏最明显。

啃咬者可以通过被啃咬过的蘑菇上留下的咬痕和蛀屑辨认出来。它们有的在蘑菇里挖掘出一条清晰的通道，有的挖槽，有的腐蚀了内部而不留一点痕迹，有的进行切割。而另一类液化者利用化学作用溶解食物。这些都是双翅目昆虫的幼虫，它们都属于蝇科的平民，有很多种类。如果要通过饲养得到成虫来区分它们，那样既花费成本又花费时间。因此我们还是用蛆虫这个统称来称呼它们吧。

为了观察它们工作，我选择了撒旦牛肝菌作为开发物，这是在我附近能够收集到的最大的菌种之一。它的菌盖是白色的，很脏；菌管口是鲜艳的橙红色；菌柄肿胀得像鳞茎，而且还带有胭脂红色的筋络。我将一个长得很好的撒旦牛肝菌分成两等份，并将它们并排放在深盘子里。一半就作为参照物这样放着；另一半的菌管层上放了二十四条在另一个牛肝菌上已经完全腐烂的蛆虫。

当天试验物就显示出了幼虫溶剂的作用。牛肝菌的下表面起初是鲜红色，然后变成了棕色，渗出的液体悬挂在斜面上，像黑色的钟乳石。很快菌肉受到了侵蚀，几天后就变成了一种像沥青似的糊状物。其流动性像水一样。蛆虫在这种糊状物中打滚，扭动着身体，尾部的呼吸孔时不时地露出液面。这和灰蝇和肉蓝蝇的幼虫液化尸体时完全一样。而另一半没有放蛆虫的牛肝菌仍然和一开始一样很紧实，只是由于蒸发作用外表有些干枯。因此，液化真的是蛆虫的作品，而且是它们的专利品。

液化只是一种简单的变化吗？最初看到在蛆虫的作用下固体如此快地变成液体时，人们会认为是这样。某些菌类，如担子菌，会自发地发生液化，变成一种黑色的液体。其中有一种菌类有一个很形象的名称，叫做墨盒担子菌，它能够自动溶解成墨水。在一些情况下这种变化非常迅速。有一天我正在画从一个小囊袋或者说是菌托上取下的最漂亮的担子菌，我还没画完，这刚刚采摘两小时的新鲜蘑菇模型就不见了，桌子上只留下一摊墨水。我只要稍微耽搁一会儿，我就没有时间完成这幅画，就失去了一个罕见而又有趣的发现物。

但这并不意味着其他菌类，特别是牛肝菌也是转瞬即逝的、无法保存的。我用非常可口、受人喜爱的可食用牛肝菌做实验。我在想是不是可以从中提取出一种可用于烹调的李比希调味素。于是我将一些菌切成小块，一部分放在清水中，一部分放在添加有小苏打的重碳酸盐水中。整个加工过程持续了整整两个小时。牛肝菌肉真是毫不屈服，得用烈性药物来对付它，但为了得到想要的结果，是无法采用这种药物的。

在沸水中煮，甚至在加了小苏打的重碳酸盐水中煮，食用牛肝菌仍然完好无损，但却被双翅目昆虫的幼虫分解成流质，这和肉蛆虫将蛋白分解成液体是一样的。这两种情况下的液化都是悄悄发生的，这可能是由于特殊蛋白酶的作用，但这两种酶可能不一样。肉食液化器采用的是一种蛋白酶，而牛肝菌液化器采用的是另一种。盘子里装满了一种流质，呈黑色，很稀，看上去有点像沥青。如果使水分蒸发，糊状物就变成了一个易碎的硬块，有点像太妃糖。嵌在这个硬块里的幼虫和蛹由于无法脱身都死掉了，分析化学使它们致命。而当侵蚀发生在地面时，情况就完全不一样了。液体被地面吸收了，从而使蛆虫获得了自由。在我的碗里，液体不断积聚，当它变成一块固体时便会杀死那些蛆虫。

蛆虫作用于紫色牛肝菌上的结果和作用于撒旦牛肝菌上的结果是一样的，也就是说，最终得到的是一种黑色糊状物。值得注意的是，这两种菌切开后，特别是被压碎后会变成蓝色。而食用牛肝菌切开后肉始终是白色，被蛆虫液化后得到的产物呈浅褐色。用毒蝇菌做实验，得到的是一种像杏仁酱一样的糊状物。用不同的菌所进行的实验证实了一条规律：所有的菌在蛆虫的作用下都变成了或稠或稀的糊状物，而且颜色有所不同。

为什么两种长着红色菌管的牛肝菌——紫色牛肝菌和撒旦牛肝菌会变成黑色的糊状物呢？我大概知道其原因。那两者都变成了蓝色，并夹杂着绿色。第三种蓝色牛肝菌的颜色变化很明显，不管是在什么地方，菌盖也好，菌柄也好，菌管也好，只要稍微一点儿轻微的碰伤，被碰伤的地方就由纯白色变成漂亮的蓝色。把这种牛肝菌放在二氧化碳气体中，即便我们现在敲击、压碎、将它化为浆状，蓝色也不会出现。但从被压碎的牛肝菌中取出来的一些碎片，只要一遇到空气就立刻变成漂亮的蓝色。这让我想起了某种染色方法。浸泡于石灰、硫酸铁和绿矾溶液中的靛蓝将会失去一部分氧；将会褪色，变得可溶于水，就像它原先以无色液体的形式存在于未加工的靛蓝植物中一样。将一滴这样的液体置于空气中，液体立刻发生氧化：又变成了不溶于水的靛蓝。

这和我们所看到的牛肝菌迅速变蓝是一样的，这些牛肝菌中真的含有可溶解的、无色的靛蓝吗？如果不是某些特性引起了疑问，我们就可以肯定了。牛肝菌在空气中暴露过长的时间，那些变成蓝色的牛肝菌，特别是蓝色牛肝菌，不但没有保持可能是靛蓝标志的蓝色，反而褪色了。尽管是这样，这些菌中还是含有一种在空气中极易变色的颜料。我们难道不能把它认为是变成蓝色的牛肝菌被蛆虫液化后发黑的原因吗？其他菌类，例如肉质为白色的可食用牛肝菌，它们被蛆虫液化后就不会变成沥青色。

所有切开后变成蓝色的牛肝菌名声都不好；书上说它们是危险的，至少是可疑的。用撒旦这个名称足以表达我们对它的恐惧了。衣蛾和幼虫却和我们不一样：它们贪婪地食用我们所惧怕的菌类。但奇怪的是，这些撒旦牛肝菌的疯狂迷恋者都拒绝食用我们觉得很美味的蘑菇，包括最有名的红鹅膏菌，罗马帝国时期，古代的美食家称之为上帝的食物。这是我们的食用菌中最漂亮的一种。当它准备掀开裂开的泥土出来时，它是一个被菌托包裹着的漂亮的卵形小球。然后这个囊袋慢慢裂开，漂亮的橘黄色球体从锯齿状的洞口露出一部分，就好像将鸡蛋煮熟，剥去蛋壳，剩下的就是囊袋中的伞菌。初期的伞菌非常像是一个上端剥去了部分蛋白、露出一点点蛋黄的鸡蛋。人们惊讶于这种相似，称这个菌类为卢葫塞迪乌，即蛋黄。很快，菌盖完全张开，伸展得像一张唱片，摸起来比绸缎更柔软，看上去比金苹果更绚丽。在红色的欧石楠中异常美丽，令人着迷。

　　而蛆虫拒绝食用这种美味的伞菌。在我频繁的野外观察中，从没有发现一个被幼虫啃咬过的红鹅膏菌。这需要将蛆虫监禁在大口瓶中，不提供其他食物，逼迫它去吃红鹅膏菌，被捣成果酱般的红鹅膏菌似乎也不受欢迎。当液化完成后，这些蛆虫想要离开，这说明它们并不喜欢这种食物。软体动物也是一样，并不是红鹅膏菌的狂热消费者。当它从伞菌旁边走过时，除非没有找到更好的食物，它才会停下来，咬一小口，并不拖延逗留。因此，如果我们请昆虫来作证，甚至是请鼻涕虫作证，来识别哪些菌类可以食用，我们会拒绝它们当中最好吃的菌类了。尽管如此，幼虫不敢吃的那些漂亮的伞菌仍然遭到了破坏，不是被幼虫破坏，而是被一种寄生真菌所破坏。这种菌使蘑菇出现紫色斑点并腐烂。这是我看到的唯一开发红鹅膏菌的昆虫。

　　另一种鹅膏菌的菌盖边缘有美丽的条纹，它和红鹅膏菌一样是一种美味的食物。我们称之为小灰菌，因为它的颜色通常是灰色的。无论是蛆虫，或是更大胆的衣蛾都不碰它。它们同样也拒绝了豹皮鹅膏菌、春鹅膏菌和柠檬黄鹅膏菌，这三种鹅膏菌都有毒。总之，那些对我们来说是美味的或是有毒的鹅膏菌都被蛆虫拒绝了。只有蛞蝓有时会咬上一口。拒绝的理由还不清楚。例如豹皮鹅膏菌，人们认为它被拒绝的理由是它含有对昆虫致命的生物碱。那为什么没有任何毒性的红鹅膏菌和恺撒鹅膏菌也无一例外地被拒绝了呢？是不是因为口感欠佳或是缺少引起食欲的作料？确实，生的鹅膏菌没有任何独特的香味。

那带有辛辣味的菌又会告诉我们什么呢？在松林里，有一种羊乳菌，它的边缘被卷起，并长有卷毛，味道比辣椒还要辛辣。多米诺绥司意味着引起腹痛的食物，这真是名副其实。除非你有个格外特别的胃你才能吃这种食物，而蛆虫就拥有这样的胃：它们吃辛辣的羊乳菌，就像大戟毛虫吃大戟叶那样津津有味、心情愉悦。而对我们来说，吃这个就像是嚼食煤炭。

幼虫需要什么样的调料呢？它们完全不需要。在同样的松林里，还有一种美味的乳菌，呈橘红色，漏斗状，镶有一圈圈的纹线。被揉搓过的地方会变成铜绿色，这可能是和牛肝菌变蓝有关的靛蓝的变种。这种菌没有羊乳菌那样强烈的辛辣味，生嚼的味道也还可口。对虫子来讲，不管是温和的乳菌或是辛辣的乳菌，它们吃得一样起劲。不管是温和的还是刺激性的，毫无滋味的还是辛辣的，都一个样儿。

用美味这个词语来形容从伤口淌出血滴的蘑菇有点太夸张了。乳菌是可食用的，但它是一种粗纤维食物，难以消化。我的家人拒绝用它来做菜，我们更喜欢将它浸渍在醋里，然后当腌制小黄瓜来食用。这种乳菌的真正价值被赞美之词过分夸大了。

为了适合昆虫的胃口，是不是需要某种介于柔软的牛肝菌和坚硬的乳菌之间的中性物？让我们来研究一下橄榄树伞菌。这个菌呈枣红色，很漂亮。它的俗名并不贴切。它确实在老橄榄树下很常见，但我也在黄杨树、圣栎树、李树、柏树、杏树、荚蒾树和其他一些树木的树底下看到过它。看来它赖以生长的树木的性质并无关紧要。它区别于其他菌类的最明显的特征是它会发出磷光。在它的下表面，只有在那儿才能发出一种柔和的白光，类似于萤火虫的光。它的发光是为了庆祝婚礼和散播孢子的。这和化学家的磷无关，这是一种缓慢地燃烧，比正常状态下的呼吸更加急促有力。这种光在不适于呼吸的氮气、二氧化碳中会熄灭；在碳酸水中会持续发光；在煮沸的没有空气的水中便不再发光。这种光很微弱，只有在很暗的地方才能感觉到。夜晚，甚至在白天，如果现在黑暗的地窖中待一会儿再看这种伞菌，它会发出美妙的光，看上去像一轮明月。

那虫子会怎样呢？会被信号灯所吸引吗？绝对没有。蛆虫、衣蛾和鼻涕虫从来不碰那会发光的蘑菇。让我们先不要急于以橄榄伞菌中含有有毒物质来解释它们拒绝的原因。的确，在多石子的土地上生长着的刺芹伞菌也和橄榄伞菌一样结实。普罗旺斯人称之为贝里古洛，它是最有价值的菌种之一。但虫子们却不吃它，被我们当做美味佳肴的食物却被虫子们嫌弃。

也没有必要进行再多这样的调查了，得到的答案都会一样。昆虫吃某种蘑菇，而不吃其他的蘑菇，它们根本无法告诉我们哪些蘑菇能吃，哪些蘑菇不能吃。它的胃不等同于我们的胃，它认为是美味的我们认为有毒，它认为是有毒的我们却视之为美味。那如果我们缺乏植物学的知识，大部分人也没有时间和爱好去获得这方面的知识，在挑选蘑菇时我们应该遵循什么样的规则呢？这个规则很简单。

我住在塞里昂三十多年，从来没有听说过蘑菇中毒的事例，而这儿的蘑菇消耗量很大，特别是在秋天。没有一家不到山上去采蘑菇，采摘一些珍贵的蘑菇可以补充食物的不足。那人们采摘什么样的蘑菇呢？每一样都采一些。我曾多次到附近的树林里去观察蘑菇采摘者们的篮子，他们都很乐意给我看。我看到了一些真菌学家都会感到惊讶的东西，而且我经常能发现被列入危险蘑菇之列的紫色牛肝菌。有一天我批评了一位采摘紫色牛肝菌的人，他提着篮子惊讶地看着我说：

"你说狼面包是毒药！"他一边说一边用手弹弹肉乎乎的紫色牛肝菌，"太离谱了！先生，这是牛精髓，真正的牛精髓！"

他嘲笑着走开了，对我所掌握的蘑菇的知识很不以为然。

在那些篮子里我还发现了环状伞菌，这方面的专家佩尔松认为它有剧毒。但这是他们最常食用的一种蘑菇，因为这种蘑菇数量丰富，尤其是在桑树下。我还发现了危险的诱惑者撒旦牛肝菌、像羊乳菌一样辛辣的带乳菌和光头鹅菌膏。光头鹅菌膏的菌盖从菌托里绽开，边缘镶有像酪蛋白一样的粉渣，那难闻的肥皂味儿让人对这种象牙色的菌盖产生了怀疑，但好像没有人介意。

人们这样无所顾忌地采摘是如何防止事故发生的呢？在我的村庄以及远方的村庄，人们要把这些蘑菇用沸水煮白，也就是说，将它们放在沸水里煮，并加一点儿盐。然后再放在冷水里清洗几遍就算处理好了。然后人们按照自己的需要将蘑菇分类。这样，那些原先有毒的蘑菇也变得无害了，因为先煮沸再漂洗能够除掉有害成分。

我个人的经验证实了这种乡下方法的有效性。在家里，我们经常食用那些被认为剧毒的环状伞菌。经过沸水的消毒，它变成了一道令大家称赞的菜肴。还有经常出现在我家餐桌上的光头鹅膏菌，我们也将它在沸水中煮一下。如果没有经过这样的处理，这种菌不一定是安全的。我还尝试过会变成蓝色的牛肝菌，特别是紫色牛肝菌和撒旦牛肝菌。嘲笑我的小心谨慎的那位采摘者极力称赞是牛精髓的菌很普通。我有时也会食用豹皮鹅膏菌，这种菌在书上被描述得声名狼藉，但却没有产生任何不良后果。我的一位医生朋友听说了用沸水煮的处理方法后也想亲自试一试，他选择了柠檬黄鹅膏菌作为晚餐，它和豹皮鹅膏菌一样声名狼藉。一切都很顺利，没有遇到任何麻烦。我的另一位盲人朋友，就是曾和我一起品尝罗马美食家的木蠹蛾的那位朋友也吃了橄榄伞菌，尽管这被人们认为非常可怕。这道菜如果不够美味，但至少是无害的。

事实证明，将蘑菇先在沸水里煮一下是防止蘑菇中毒的最佳方法。如果说昆虫吃某种蘑菇而不吃某种蘑菇无法帮助我们选择，至少乡下人的智慧，他们长期积累的生活经验教会了我们一套简单有效的方法。如果你被诱惑采摘了一篮蘑菇，但又不那么确定它们是否有毒，那你可以将它们放在沸水中好好地煮一下。在炖锅中煮过后，原本可疑的蘑菇就可以毫无畏惧地食用了。

但是你会说这是一种野蛮的烹饪方法，用沸水处理的方法会把蘑菇煮成糊状，而且会去掉其鲜美。这就大错特错了，蘑菇很耐煮的。我曾说过，我试图从蘑菇中提取溶液，但却无法使其溶化。借助小苏打在水中长时间煮沸，都无法使它变成糊状，它还是完好无损。另外一些适合烹调用的蘑菇也很耐煮。另外，蘑菇的鲜味也不会丧失。而且它们会变得更易消化，这对于一种不易消化的菜来说是很重要的。因此，我家中习惯于将蘑菇放在清水中煮一下，甚至包括鹅膏菌。

我是个俗人，这是真的，我是个很难受到美食诱惑的野蛮人。我所关注的不是美食家，而是朴素的人们，特别是农夫。如果我能够普及普罗旺斯人烹调蘑菇的方法，让人们用蘑菇和豆角、土豆换换口味，不管这是多么微不足道，当人们学会避开鉴别蘑菇有没有毒的复杂方法时，我持之以恒的观察研究就得到了回报。

难忘的一课

　　我带着遗憾向蘑菇告别，关于它还有许多要解决的问题呢！为什么蛆虫食用撒旦牛肝菌却轻视红鹅膏菌？它认为美味的东西为什么对我们是有害的，而我们认为是美味的东西它们为什么如此厌恶？在蘑菇中是不是含有一些特殊成分，一些看上去会随着植物种类的不同而变化的生物碱？我们是否可以提炼出生物碱，并对它们的特性进行深入的研究？谁知道医学是否能用它来减轻我们的痛苦，就像奎宁、吗啡和其他生物碱一样？值得研究的是担子菌自发的液化和牛肝菌在蛆虫的作用下的液化是属于同一类别吗？担子菌是不是自己利用一种类似于蛆虫蛋白酶的酶进行消化？我还想知道是什么可氧化物质使橄榄伞菌发出柔和的、白色的、像满月似的亮光。某些牛肝菌变蓝是不是一种比印染工使用的靛蓝更易变化的靛蓝在起作用，美味的乳菇碰伤后会变绿是不是也是这样的原因，弄清楚这些问题会非常有趣。

如果我有最基本的工具，特别是能够使逝去的光阴倒流，我会很耐心地做这些化学研究。但是时光已经逝去，我剩下的时间不多了。不过这也不要紧，还是让我们来谈一谈化学吧；既然没有更好的办法，还是让我们来回忆一些往事吧。如果历史学家时不时地要在他的昆虫史里占据一点儿篇幅用来回忆，读者会慷慨地原谅他的：因为老年人总爱回忆年轻时候的一些往事。

我的一生中一共上过两门自然科学课：一门是解剖课，一门是化学课。第一门课是自然主义者莫奎因－坦登教的，当我们从科西嘉的雷诺索山上采集植物归来时，他在盛满水的汤盘中向我讲解了蜗牛的结构。这节课很短，我却收获颇多。从此，我受到了启蒙。我在没有老师指导的情况下能够用解剖刀像模像样地解剖动物的内脏。第二门课是化学课就没那么幸运了。事情是这样的。

在我那所师范学校里，科学教育最为薄弱，主要包括算术和一些几何学的皮毛。物理几乎就不会接触到。学校还教了我们一些气象学基础，比如太阴月、白霜、露水、雪、风；并且以乡村中常见的物理现象为基本内容，在这方面我们学到了很多知识，完全能够和农夫们讨论各种气候现象。

关于自然史，完全没有学过；也没有人跟我们讲授过植物，这么高雅的消遣属于漫游的内容；昆虫也从未涉及过，尽管昆虫的习性那么有趣；石头也没有被谈起，尽管从古老的档案馆里能够受益颇多。自然史这扇通向世界的窗户并没有向们我敞开。语法扼杀了生命。

不言而喻，化学也根本不受重视。但化学这个名词我还是知道的。我偶然从书中读到过，但由于没有实际演示，只是一知半解。我从书中得知，化学研究的是物质的结构变化，不同单质的结合与分解。这个学科是多么神奇啊！对我来说，化学就像是巫术，是炼丹术。在我的想象中，化学家工作时都手拿魔杖，头戴尖尖的镶着星星的魔术帽。

一位权威的教授多次来到我们学校访问，他是作为我们学校的荣誉讲师而来，而不是为改变我那些愚蠢的想法而来的。他教授物理和化学，每周两次，从晚上八点到九点，在我们学校附近的一个很大的场所免费授课。从前那里是圣马蒂亚勒教堂，如今变成了新教的礼拜堂。

正如我所想象的那样，这确实是巫师出没的场所。在教堂尖塔上，生锈的风标发出凄惨的吱吱嘎嘎声；傍晚时分，大蝙蝠有的围着教堂飞来飞去，有的钻进排水管；夜晚，猫头鹰在平台顶上嚎叫着。化学家就是在这里，在这个大窟窿下做实验。他会制造出什么样的混合物呢？我永远都不会知道吗？

今天他又来了，他并没有戴尖帽，而是一身平常装束，不太古怪。他像一阵风一样匆匆进入教室。他那通红的脸半埋在齐耳高的大立领里；鬓角垂着一小撮红色的头发；头顶光亮，像一个古老的象牙球。他用盛气凌人的语调和生硬的手势向两三个学生提问；然后脚跟一转又像一阵风似的走了。不，绝不是他，绝不是这个实际上很有才华的人，使我对他所教的东西产生好感。

他的实验室有两扇窗户朝向学校的花园。窗户齐肘高。我经常跑到那里去偷看，试图凭借我那可怜的小脑袋思考出化学究竟是什么。不幸的是，我所能看到的那间屋子并不是一座圣所，只是一个洗实验工具的陋室。自来水管和龙头紧挨着墙壁；墙角有一些木桶，有时里面煮着像砖粉一样红色的粉末，会有蒸汽冒出。我知道了那是在炖煮一种用作燃料的植物根——茜草根，这样会提炼出更纯更浓缩的产品。这就是那位老师所喜爱的研究。

从两扇窗户看已经满足不了我了，我想走得更近些，走进去看。我的愿望得到了满足。那是在学期末，我提前完成了学业，获得了毕业证书。在毕业之前还有几周，我无事可做。我是否应该走到校外，去度过那充满快乐的十八岁？不，我要在学校里度过。这两年，学校为我提供了稳定的住所和饮食保障。我想在学校获得一个职位，我听从您的安排，只要能够学习就行，别的我都无所谓。

学校的校长十分善良，他很理解我对知识的渴望，他支持我的决定；他打算让我重新与被遗忘了很久的贺拉斯、维吉尔建立联系。校长精通拉丁语，他通过让我翻译几段文章使我重新燃起我心中的火苗。他还给了我一本拉丁语和希腊语双语对照的样本。借助基本能读懂的第一篇，我能够翻译出第二篇，通过翻译伊索寓言，我既可以扩充我的词汇量，也对我以后的研究有帮助。这是多么幸运啊！住所、饭碗、古诗、学术语言，所有好的东西都让我瞬间得到了！

我得到的还不止这些。我们的自然学科老师，名副其实的那位，而不是名誉的，每周两次来给我们讲解三率法和三角定理。他想到了要让我们以学术节的方式庆祝学期结束，这个是好主意。他答应让我们看氧气。作为这所高中化学老师的同事，他得到许可带我们去那间著名的实验室，并当场制造他课堂上讲的氧气。氧气，是的，氧气这个能使一切燃烧的气体；我们明天就能看到。我兴奋得一夜未眠。

星期四下午中午到来了。化学课一结束我们就出发去雷昂格勒——那个坐落在峭壁上的远方的漂亮村子。因此我们穿上只有节日和出远门才穿的衣服：黑色礼服和高帽。来了十三个学生，由一位助理教员带领着，他也和我们一样，没有看过我们即将要看到的东西。我们激动地跨过实验室的门槛，进入了大厅，这个古老空旷的教堂中说话都会有回声，微弱的光线从装饰有凸条花纹和圆花饰的花窗玻璃上透进来。在后面有一排排宽宽的阶梯座椅，可容纳几百人；对面唱诗班站的地方有一个大的壁炉台；中间有个大桌子，被化学药品腐蚀了。桌子的一端有一个涂有沥青的箱子，里面包着一层铅，箱子里装满了水。我立刻就明白了，这是个储气罐，用来收集气体。

老师开始实验了。他拿起一个又大又长的玻璃器皿，鼓凸的瓶肚连着垂直弯管。他告诉我们这是蒸馏瓶。他用纸做的漏斗把一些像碳粉一样的黑色粉末倒入蒸馏瓶，并告诉我们这是二氧化锰。它里面含有大量处于压缩状态、和金属化合在一起的氧气，这就是我们想要得到的那种气体。一种看似油状、能引起剧烈反应的硫酸可使氧气释放出来。蒸馏瓶被放在一个点燃的炉子上，用一根玻璃管将它与放在储气罐隔板上的装满水的钟形罩子连接起来。准备工作做好了，将会产生什么结果呢？我们等待着温度起作用。

我的同学们充满渴望地紧紧围着实验装置。有的人自以为是地在那边瞎忙乎，为参与到实验的准备工作而感到自豪。他们将倾斜到一边的蒸馏瓶摆正；他们用嘴吹炉子上的炭火。我不喜欢他们随便摆弄自己不了解的东西，但善良的老师并没有反对；我也不能忍受一直用肘部顶撞别人、凑到第一排观看的那些人，有时就像小狗打架一样。还是离他们远一点。可看的东西多得是，而且氧气还在形成中。让我们利用这个机会来观察一下这位化学家的化学用具。

在宽敞的壁炉台下面，有一系列奇怪的炉子，套着铁皮，长短不一，高矮不一，每个炉子上都有一个小窗户，被棕色的遮盖物封着。这个有个小塔的炉子是由好几部分重叠而成的，上面有大大的宽宽的耳襻，用手握住耳襻可以将小塔拆卸下来。圆拱顶上有个铁皮烟囱。炉子中能够燃起熊熊烈火，轻而易举地就能熔化石子。还有一个炉子很低，躺在那儿像弯曲的脊背。它的两端各有一个圆孔，每个圆孔中都伸出一根粗瓷管。很难想象这样的仪器是用来做什么的。点金石的研究者肯定拥有许多这样的仪器。它们是研究者的工具，是揭开金属奥秘的工具。

搁板上摆放着玻璃器皿。我看到了不同大小的蒸馏瓶，每个蒸馏瓶的鼓凸部分都连着弯管。有些蒸馏瓶除了连有一根长管外，还连接一根短管。看，年轻人，你别想猜出这个奇怪器皿的用途。我还发现了一些很深的漏斗状的带脚玻璃管。我惊讶地看着这些奇怪的玻璃瓶，有的瓶子有两三个入口，有的球形小瓶带着长长的细细的管子。这真是些奇怪的工具啊！这里有个玻璃柜，里面放着许多装满各种药品的小瓶子和大口瓶。瓶子上的标签告诉了我里面装着什么：钼酸氨、氯化锑、高锰酸钾和许多奇怪的名称。我在书本上从来没有见到过这么难懂的文字。

突然，砰的一声！紧接着便是奔跑声、跺脚声、尖叫声和呻吟声！发生了什么事？我跑进大厅。蒸馏瓶爆炸了，容器中沸腾的液体四处飞溅，弄脏了对面的墙。大部分同学或多或少都受到了冲击。其中一位同学最可怜，液体溅到了他的脸上，直至眼睛里。他像疯子一样尖叫着。在一位伤势较轻的同学的帮助下，我把他使劲拖到水池边，幸好水池离得近，我把他的脸按在水龙头下面。迅速地冲洗很有成效，疼痛缓解了，受伤者也渐渐恢复了意识，能够自己用水冲洗了。

　　我迅速地抢救挽救了他的眼睛。滴了医生的眼药水，一周后他脱离了危险。幸亏我离得远远的！我独自站在装着化学药品的玻璃柜前，才能使我迅速做出反应。而其他人呢，那些靠化学炸弹太近而被溅到的人，他们在做什么呢？我回到了授课大厅，那里情况不容乐观。老师受伤很严重：他的衬衣前襟、背心、裤子上都被溅到了，烧出了一个个的洞。他赶紧脱掉了一部分危险的衣服。那些穿着最讲究的人把衣服借给他，好让他赶紧回家。

　　我刚才欣赏的那些漏斗状的玻璃器皿中，有一个玻璃器皿放在了桌子上，里面盛满了氨水。被呛得又咳嗽又流眼泪的人们将手帕在氨水里浸湿，用湿布一遍遍地擦拭他们的帽子和衣服。这样可以擦掉可怕的溶液留下的红斑，再稍加些墨水就可以使衣服恢复原先的颜色。

　　那氧气呢？不用说，这已经不是问题了。学术节结束了。这损失惨重的一课对我来说很重要。我进入了那个化学实验室；我看到了那些神奇的大口瓶是试管。教学中最重要的不是对老师所教的内容掌握多少，而是激发学生的潜能，就像用火去引爆沉睡的炸药一样。总有一天，我能自己获得氧气；总有一天，没有老师我也能学化学。

是的，我将学习化学，尽管一开始很不顺利。那怎么学呢？边教边学。我不会向任何人推荐这种方法。有老师的指导和示范是多么幸福啊！他面前有一条平坦畅通的道路。而另一种人走的是崎岖不平、常常绊到脚的小径；他在那条未知的道路上摸索着，迷失了方向。为了重新回到正确的道路，如果他没有气馁，他只能靠坚持，这是不幸的人们的唯一向导。这便是我的命运。我一边教别人一边学习，我日复一日地用犁铧在贫瘠的旷野上耕种，然后把收获到的一点点种子传给别人。

硫酸盐爆炸事件的几个月后，我被派到了卡庞查，去那里的中学担任中学的初级教学。第一年很辛苦，学生太多，我忙得不可开交，学生的拉丁语一塌糊涂，他们的拼写和语法还分为好几种进度。第二年，学生分成了两半；我有了一名助手。分组在学生的吵闹声中进行。我选择了那些年纪较长、理解力较强的学生；其他学生将被分到预备班中学习。从那天起，事情就和从前不一样了，不再有固定的教学计划了。那时候，老师可以自行安排；不再像机器一样受到学校规定的束缚。我可以按照我的愿望行事。但怎样才能使这所学校无愧于"初级学校"这个称号呢？

当然，我要将化学课列入教学计划！我的长期阅读告诉我，教学生一些化学知识没有坏处，如果他们能够掌握一些使农田有好收成的方法的话。大部分学生是来自农村，他们以后还要回去开发他们的土地。那就让我们来告诉他们，土壤是由什么构成的，庄稼吸收什么养料。其他人会从事工业，他们会成为制革工人、金属铸造工、烧酒酿造工、肥皂商、鳀鱼桶制造商。那就让我们来教他们腌制、制皂、蒸馏、使用鞣酸、铸造金属。当然，这些东西我也不懂，但我可以学，我学会了以后要把这些教给学生，教给那些会对老师的结结巴巴加以嘲笑的小鬼。

正好学校里有一个小得不能再小的实验室，里面有一个储气罐，一打球形玻璃瓶、几根试管和很少的几种化学药品。如果我能拥有它就够了。那个实验室是个圣所，是留给六年级的人用的。除了老师和准备业士文凭的学生外，任何人不能进入。对于我这样一个外行，想进入这个地方是不合适的，它的主人是不会允许的。一个初等文化的人是不敢随便踏入高等文化的领地的。当然，我也可以不去那儿，只要他们把工具借给我就行。

我向校长汇报了我的计划，他是这些财产的最高负责人。他是个文化研究者，那时候只懂拉丁文的人不太受到尊重，他几乎不懂科学，也不太明白我提出这个要求的目的。我谦逊地一再坚持，努力说服他。我谨慎地强调了问题的关键点，我的学生很多，比学校里任何一个班的都多，他们在学校吃饭，这是校长最操心的事儿。我们应该鼓励他们、吸引他们，尽可能地提高他们。只要多给几盘汤就能使我得到成功；我的要求被准许了。可怜的科学啊！为了把你介绍给没有受到过西塞罗和德摩斯梯尼滋养的人，我需要使用多少外交辞令啊！

我被批准可以每周使用一次工具。为了实现我那宏伟的计划，这些工具是很必需的。我把工具从二楼的神秘场所搬到我上课的那个像地窖一样的地方。麻烦的是那个储气罐，搬下去之前要先把它倒空，然后还得将它装满。一个热情的走读生是我的助手，他匆忙吃完饭后，在上课前一两个小时便来帮忙。就靠我们两个人来搬这些工具。

这次我是想得到氧气，以前我没能看到这种气体。我闲暇时候便借助书本制定了我的实验方案。我要先做这个，再做那个，我要用这种方法还是那种方法。最主要的是要防止发生危险。因为如果用硫酸热处理二氧化锰，还可能会弄瞎我们自己。各种担心使我想起了以前的同学像疯子一样尖叫的场景。让我们还是试试吧：机会总是喜欢勇者！而且，为谨慎起见，除了我谁都不能靠近那张桌子。如果事故发生，也只会有我一个受伤者；而且在我看来，为了认识氧气而被烧伤是值得的。

两点钟的铃声响了，学生们进入了教室。我故意夸大了发生危险的可能性，让他们都坐在自己的凳子上不要动。他们都同意了。我可以开始了。我的身边除了准备帮我的助手外没有其他人；时间到了，大家都谦恭地注视着这个未知的事物，十分安静。

很快，钟罩里的水面上开始出现气泡，发出"咕噜咕噜"声。这就是我要的气体吗？我的心也激动地跳动着。我第一次实验就能够成功吗？让我们拭目以待。我把一根刚刚熄灭、烛芯还有一丝红光的蜡烛用一根铁丝吊着，放进装有我的产品的试管中。太棒了！伴随着一声很小的爆炸声，蜡烛点燃了，发出明亮的火焰。这就是氧气。

这是个庄严的时刻。我的观众们很欣喜，我也一样，但我不是为蜡烛重新燃烧而欣喜，而是为取得了成功而欣喜。我的脸上泛起一阵虚荣的红光；我感觉热血在血管里奔流，但我要克制住内心的激动。在学生的眼中，老师对所教的东西都习以为常了。如果让这些淘气的孩子看出我的惊喜，如果让他们知道我也是第一次看到这么神奇的实验，他们会怎么看我啊。那样我就会失去他们的信任，就把自己降到了学生的地位了。

鼓起勇气来！让我们继续下去，就像对化学很熟悉一样。现在轮到用钢带了，这是一条像开塞钻一样的盘卷的旧的手表发条，上面装有导火线。靠这个简易的引芯，那条钢带应该能在装满气体的大口瓶里燃烧起来。它确实燃烧了，释放出来绚烂的火焰，伴随着轻微的噼啪声，四射的光芒和铁锈色的烟雾在瓶子里撒了一层粉。激烈燃烧的钢带一端时不时地滴下一滴红色液体，液体颤动着穿过瓶底的水层，嵌入玻璃中，玻璃立刻变软了。无法控制的火热的金属泪滴使我们战栗。所有人都跺脚、尖叫、鼓掌。胆小的学生用手捂着脸只敢从手指缝隙里观看。我的观众们都兴高采烈，我自己也心满意足。嘿，我的朋友们，化学很神奇吧！

我们一生中都有值得纪念的日子。有些实际的人是生意上取得了成功；他们赚到了钱便昂首挺胸了。而另外一些思考者是获得了思想；他们在自然这本大账户上为自己开了个新的户头，然后便安静地享受真理带来的喜悦。我最值得纪念的日子之一就是我第一次结识氧气的那天。那天下课后，所有的工具都被送回原处，我感觉自己又长高了几公分。作为一个无师自通的操作者，我成功地展示了我两小时前还不认识的东西。没有发生任何事故，甚至没有留下一点儿硫酸腐蚀的痕迹。

圣马蒂亚勒的那堂课的悲惨结局使我以为这个实验很难很危险。但只要警觉一点，谨慎一点，我还是可以继续下去的。前景还是很喜人的。

现在到了该做氢气实验的时候了，我一边读书一边认真考虑。在肉眼看到氢气之前，我的思想之眼已经不止一次看到它了。我使燃烧的氢气在一根因受热而有水滴流淌的玻璃管内唱歌，学生们看到了欣喜万分；我使混合物发出爆鸣声，他们吓得跳了起来。后来，我成功地向他们展示了磷的壮观、氯气的猛烈、硫的恶臭、碳的变形等等。总之，这一年里，主要的非金属元素以及它们的化合物都在课堂上接受了检阅。

事情被传开了。一些新生被这所学校的神奇所吸引来听我的课。食堂里要多添加几套餐具了；比起化学，对肥肉炖豆角的利润更感兴趣的校长因为寄宿生的增加而表扬了我。我真正地开始了，剩下的只是时间和不屈不挠的意志力。